ラクして節約、鼻歌でエコ

極楽
ガソリンダイエット

島下泰久

目次

イラストレーション＝叶雅生　写真＝高橋信宏
協力＝フォルクスワーゲン グループ ジャパン

島下泰久
しましたやすひさ

モータージャーナリスト。1972 年、神奈川県生まれ。
走りの楽しさからハードウェア解説、環境＆エネルギー問題に道路行政、
さらにはライフスタイルにブランド論まで、
クルマをとりまくあらゆる事象を対象に、自動車専門誌、男性誌、
web などさまざまな媒体で執筆。
最近ではエコドライブやブランドマーケティングに関する講演にも
活動の幅を広げている。
A.J.A.J.(日本自動車ジャーナリスト協会) 会員
'08-'09 日本カー・オブ・ザ・イヤー選考委員
フォルクスワーゲン エコドライブ トレーニング インストラクター

序章

エコドライブ革命宣言！

「ふんわりアクセル」なんてインチキだ

チマタに氾濫する〝エコドライブ＝ゆっくり走ること〟という間違った概念を、正しい知識で塗り替えるために、この本を出すことを決めました。

ガソリンを使う量をダイエットできれば、自分も社会も極楽です。そして、実はそれは「極めて楽しく」実現できることなのです。

エコのためにはガマンが必要。そう思っていたすべてのドライバーに捧げます。

●ガソリン価格高騰と地球温暖化

今、クルマを愛する人、愛していなくてもクルマに乗らなければならない人、乗らなくてもいいけれどクルマの恩恵を受けている人、それらすべての人にとって逆風が吹いています。

ここ数年、ガソリンの価格は上がる一方です。10年で5割近くも上昇しています。一瞬、期待させたガソリン税の暫定税率を巡る騒動も結局は元通りに収束し、それどころか価格は以前よりさらに高値になってしまいました。

ガソリン価格の高騰は、クルマ好きにとって辛いというだけでなく、クルマがなければ生活できない人の家計を圧迫し、また輸送や物流のコスト上昇によって、クルマを運転しない人にまで大きな影響を及ぼすものです。しかし世界の情勢を見ると、残念ながら今後もガソリン価格が下がる見込みはなさそうに思われます。

差し迫った問題と言えば、地球温暖化もそうです。CO_2をはじめとする温室効果ガスが主因とされる地球温暖化は、私たちの生活に深刻な影響を及ぼしはじめています。現状は、まさに〝待ったなし〟です。

●エコカーに乗り換える前にやるべきことがある！

ガソリン代を節約するために、エコカーに乗り換えることを考える人もいるでしょう。トヨタ・プリウスのようなハイブリッド車を選べば、驚くような燃費も期待できます。ですが、あえてこうも言っておきます。エコカーに買い替えたからって、すべて解決するわけではないですよ、と。せっかくエコカーに乗っても、運転法が悪ければ、技術によって向上した燃費を台無しにしてしまうことだってあります。

●360km走るだけで、この本の代金は元が取れる！

逆に、こう言うこともできます。ステアリングを握るドライバーの運転の仕方、心がけ次第で、燃費を劇的に改善することだってできるのです。

この本でお伝えするのは、まさにそのためのテクニック。この本に書いてあることを実践するだけで、燃費を20％向上させることも可能になります。つまり現在、燃費が1リッター当たり10㎞だとしたら、それがリッター当たり12㎞になるということです。

ここでガソリン1ℓの価格を170円と仮定します。燃費が20％向上すると、これまで300㎞しか走れなかった燃料で、360㎞走れるようになります。その差60㎞をリッター当たり10㎞という燃費で割って、それに170円をかけて弾き出される金額は1020円。つまり、この本にお支払いいただいた千円也は、360㎞走っただけで元が取れてしまうのです！

東京にお住まいの方なら、伊豆まで1回往復するくらいの距離ですね。

●巷のエコドライブは間違っている？

すでに、燃費の向上を謳った解説本が世間に出回りはじめています。またウェブサイトでもその種の情報が載っていますし、エコドライブを教えるイベントも増えています。

しかし結論から言ってしまえば、それらのほとんどはハッキリ言って間違っています。

それらが教えているのは、ほとんどが〝ふんわりアクセル「eスタート」〟に象徴される、ゆっくり走って燃費を稼ごうというもの。エコドライブというよりは、省エネドライブと言ったほうがいいかもしれません。

確かに、自分のクルマの燃費は多少は良くなるでしょう。けれど、それだけ。他のあらゆる面で、マイナス効果すらもたらしかねないものばかりと言っても過言ではありません。

しかし、そうした省エネドライブは、〝目的地までスピーディかつ快適に移動できる〟というクルマの大切な価値をを放棄するものともなりかねません。そして実は、交通社会全体にとっても、実はマイナスになる可能性を含んでいます。

詳しいことは後の章に譲りますが、自分ではエコなつもりが、実は広い視野で見た場合、明らかに反エコになってしまうのです。

●体得すべきは〝本当の〟エコドライブ

「だったらエコドライブなんて、しないほうがいいじゃん」

もしかしたら、そんな風に思わせてしまったかもしれません。ですが最初に書いた通り、ガソリン価格の高騰と地球温暖化は、私たちに何らかのアクションを求めています。

心配は要りません。私たちには〝本当の〟エコドライブがあるのですから。世間の常識を覆すエコドライブが。

この〝本当の〟エコドライブは、燃費を向上させ、CO_2排出量を低減させます。しかも、同時にクルマの本質的な価値であるスピードと、円滑な交通社会への貢献を両立させることを可能にするのです。

そしてさらに、クルマ本来の楽しさ、走る歓びをももたらします。あるいは、それは運転を今まで以上に楽しいものに変えるとすら言ってもいいかもしれません。

この〝本当の〟エコドライブを、この本では「極楽ガソリンダイエット」と名付けました。極楽というのは、まずはガソリンを使う量をダイエットできれば、自分も社会も極楽になるということ。また〝極めて楽しい〟という意味でもあります。

そこまで言うとウソっぽく聞こえてしまうかもしれませんが、これは紛れもない事実。そんなに難しいテクニックを伝授するわけではありません。まずは360㎞。できそうなことからやってみるというだけでも、もちろんオッケー。

試してみませんか？　極楽ガソリンダイエット。自分のお財布のため、気持ち良い社会のため、美しい環境のため。

そして何より、楽しいクルマ生活のために。

第1章

あなたのエコ運転は、実はエゴ運転！

「ゆっくり走る」のはエコじゃない

●ゆっくり走ればエコですか？

最近の世相を反映して、世間で「エコドライブ」やそれに類する言葉を耳にする機会がとても多くなっています。官公庁や環境団体、さらには自動車メーカーを含む民間企業等々のさまざまなレベルから、マスメディアを通じて、あるいは各種イベントなどの場を利用して、いわゆるエコドライブ術を広める運動も、じわじわと広がりを見せてきています。ですが、ここでまず最初にハッキリさせておきたいのは、それらのほとんどが間違った内容を含んでいるという残念な事実です。

たとえば、京都議定書での決議に基づいたCO_2削減を皆で推進していこうという〝チーム・マイナス6％〟のホームページを見ると〝ふんわりアクセル「eスタート」〟なるものが推奨されています。曰く、クルマがもっとも多く燃料を消費するのは発進時であり、これをやさしくスムーズに行うことがエコドライブに繋がる、とのこと。

発進時にはブレーキからアクセルへ一呼吸置く感じで足を移し、アクセルに足を乗せる感じで踏み始め、その後の加速時には速度の上昇とともに徐々に踏む力を増やし、そしてスピードが流れの速度になる手前で、アクセルを少し戻すというのが、そのあらましです。財団法人省エネルギーセンターの調べでは、この〝ふんわりアクセル「eスタート」〟によって、燃費は概ね10％程度改善されると報告されています。

クルマが発進時に多くの燃料を消費するというのは間違っていません。車重1トンも2トンもあるものを停止状態からひと転がりさせるのに必要な力が相当なものであることは容易に想像がつくというもの。ここでの燃費を稼ぐことができれば、エコに繋がることは間違いないでしょう。

ただし、条件が付きます。それは、そこで走っているのが、自分のクルマただ1台だったならば、ということです。

●走っているクルマは1台ではない

交差点で信号が青に変わったのを確認したら、ブレーキペダルを踏んでいる右足を一呼吸おく感じでアクセルへと移し、じわーっと踏み込んでゆっくりと加速。できるだけ速度を上げることなく走り続けたならば、アナタのクルマはきっと素晴らしい燃費を記録することでしょう。

ですが、もしアナタの周囲にたくさんのクルマがいた場合はどうなるでしょうか？

ルームミラーに目をやってみれば、おそらくアナタの後ろにはたくさんのクルマが連なって流れが悪くなり、あるいは渋滞すら発生し始めているかもしれません。もしもアナタがいたのが右折車線だったとしたら、特にまずいことになりそうです。

ただでさえ短い右折信号なのに、アナタが〝ふんわりアクセル〟でじわーっと発進したために、1回の信号待ちだけでは曲がりきることのできなかったクルマが列をなしてしまうという可能性は十分にあります。その後端は、右折車線の中だけでは収まりきらず、直進車線まで連なってしまっているかもしれません。

それが、どんな影響を及ぼすのかは、改めて説明するまでもありませんよね。そう、アナタのクルマの素晴らしい燃費と引き換えに起きた混雑あるいは渋滞によって、その交差点の周辺にいたクルマ全体の燃費は、おそらく悪化してしまっているに違いないのです。

間違いを含んでいるというのは、まさにその部分のことです。この〝ふんわりアクセル「eスタート」〟のような、ゆっくり走って燃費を向上させようという趣旨の話には、交通には流れがあり、道路にはクルマがたった1台で走っているわけではないという観点が決定的に欠けています。

もしも、それを無視して自分さえ燃費向上が図ればいいと考えたならば、それは〝エコ〟ドライブではなく〝エゴ〟ドライブでしかありません。

本当のエコドライブとは、そういうものではないはずです。自分のことだけでなく周囲のことまで考えた運転によって、その社会全体、国全体、ひいては地球全体という規模でのエコに繋げていくこと。それこそが本当のエコドライブと言えるのではないでしょうか。

●ハイブリッド車に買い替えればエコですか？

次にクルマを買い替える時には、エコカーがいい。今度は燃費のいいハイブリッド車にしてみよう。このご時世ですから、きっとそんな風に考えている人も少なくないのではないでしょうか。クルマとエコについての話において、今や絶対欠かすことができないのがハイブリッド車をはじめとする燃費コンシャスなクルマの話題です。

改めて言うまでもなく、ハイブリッド車は抜群のエコ性能を誇っています。日本のトヨタやホンダがハイブリッド車を発売し、その燃費の良さやCO_2排出量の少なさで話題を集め始めた頃、ヨーロッパの自動車メーカー達は冷淡な視線を送っていました。

ハイブリッドは日本やアメリカの大都市圏のような特殊な交通事情においては有効でも、比較的流れのいいヨーロッパの道路ではメリットは見いだしにくいなどとしていたものです。しかし、あれから数年、気付けばドイツの主要メーカーはいずれもハイブリッド車の準備を整え、そろそろ販売が開始されそうな気配です。

そう、北海道などで運転してみればわかることですが、実際には流れのいい道路環境であっても、ハイブリッド車は良好な燃費を稼ぎ出すことができます。ほぼ同じようなボディサイズのガソリンエンジン車との比較で、ざっと2~3割は良好な燃費が実現します。都市部の交通環境に限らず、高いエコ性能を発揮することができるのです。

最近では高級車の分野でもハイブリッド車が登場しており、またそう遠くない将来にはハイブリッドのスポーツカーもデビューすると言われています。次の買い替えではエコ性能を重視したクルマ選びをしたいと考えているのであれば、ハイブリッド車を検討してみるのは良案と言えるでしょう。

●エコ性能は自動車メーカーの最大の重点項目

もちろん、エコを意識したクルマ選びと言っても、選択肢となり得るのは何もハイブリッド車だけではありません。ここにきて、燃費に優れるばかりでなくクリーン性をも飛躍的に向上させたディーゼル乗用車も、再び日の目を見そうな状況となっていますし、燃費が良く経済性が高いコンパクトカーへの乗り換えも、ますます進んでいくはずです。

今や、どの自動車メーカーもエコ性能を何よりの重点項目として掲げている時代です。なにしろあのスポーツカーの雄、フェラーリでさえもバイオ燃料を使用するモデルを開発しているほどなのですから。

ですが、ここにも大きな落とし穴があります。燃費のいいクルマに買い替えれば、それだけで本当にエコなのかという話です。

もちろん、そのクルマをうまく使いこなすことができれば、間違いなくエコに繋がるはずです。けれども、クルマの側でいくら2割、3割と燃費を向上させていても、それを操るドライバーが意識を変えることなく、それまでと変わらない運転をしてたらどうでしょう？　せっかくの燃費向上が、あっという間に無に帰してしまうということもあり得るのです。

●エコノミーのことも考えたい

でも、それはこうも言い換えることができます。

クルマが何であれ、ドライバーがエコをしっかりと意識した運転を心がけることで、燃費は今よりも2割、3割と向上させることができるということなのです！

もちろん、エコなクルマに乗り換えて、運転も新しいスタイルにシフトできれば完璧でしょう。ですが、忘れてはいけません。クルマの買い替えにはたいていの場合、少なくないお金が必要になるということを。エコロジーという観点からはプラスになったとしても、エコノミーという意味では果たしてどうでしょう？

つまり、エコカーに買い替える前に、私たちにはエコのためにやれることがたくさんあるということ。まさに、それこそがエコドライブなのです。

●ガマンするのがエコですか？

エコドライブと聞いて多くの人が想像するのは、ゆっくり走って燃料を節約する省エネ運転のことではないでしょうか。ガマンしてできるだけアクセルを踏まずに済まし、前が空いていようがエンジン回転数が上がらないように、そろりそろりと走る。おそらく、そうすれば1回の給油で走ることのできる距離は何㎞か増えることでしょう。

けれど、その一方でステアリングを握って移動している時間は、確実に長くなるはずです。でも、自動車のもともとの存在意義を考えると、それってどうなんだろうと思いませんか？目的地まで快適に、可能な限り早く到着することができるというのは、自動車という存在のもっとも原初的な意義であり、また歓びではないでしょうか。

カール・ベンツとゴットリープ・ダイムラーによって自動車が発明されてからすでに100

年以上になります。その歴史の中で自動車なるものが進化を果たしてきたのは、まさにこの点を極めるためであったと言っても過言ではないはずです。

もちろん、それが楽しい時間だったならば、少しぐらい余計な時間がかかっても許すことができるかもしれません。ですが、そんな走らせ方で、クルマを操る醍醐味を味わうことができるかと言えば疑わしいところです。当たり前ですよね、それはクルマ本来の価値に逆行していることなのですから。

●リバウンドは許さない

ゆっくり走って燃料を節約するガマン運転を続けていたら、そのうちにもどかしさを感じ、ストレスが溜まってきてしまうかもしれません。多少なりともクルマを運転することに楽しさを見いだしている人ならなおのことです。

燃料計の針の動きの少なさに喜びを感じていられるのは最初のうちだけ。ガマンが臨界点まで達してしまった場合、ストレスが逆噴射して、二度とエコドライブなんて言葉を口に出さない人になってしまうかもしれません。

さらに症状が進んだ場合には、クルマへの興味そのものまで薄れてしまう。そんな恐れだって否定はできないのです。こうなると、まさにエコドライブのリバウンド効果。これでは意味がありませんよね。

けれども、心配は無用です。ここで紹介するエコドライブとは、そうしたストレスを引き起こすようなガマン運転ではありません。むしろ、その逆。そこにはクルマを操る楽しさや歓びが、しっかりと備わっていることを保証します。信じられないかもしれませんが、それは本当の話。目的地まで可能な限り早く到着することができ、運転そのものをしっかり楽しむことができて、その上で燃費を大幅に向上させ、当然CO_2排出量も削減することができる。それが本当のエコドライブなのです。

第2章

「クルマに乗るな！」では何も解決しない

モビリティの権利を捨てられますか？

●クルマは贅沢品じゃない

クルマと環境問題、あるいはクルマと地球温暖化の話になると、決まって出てくるのが「クルマに乗るな」という論調です。特に環境問題を専門とされている方の中には、クルマは環境破壊に繋がる排ガスを垂れ流し、排出するCO_2によって地球温暖化を促進する、そのクルマに乗るのは〝悪〟であるといった論を展開する方も少なくありません。

確かに、クルマに乗らなければ環境を悪化させることはありませんし、CO_2の排出も抑えられることは間違いないでしょう。ですが、こうした論旨の背景には、クルマ＝贅沢品という考え方が見え隠れしているようにも思えます。

ハッキリ言って、その考え方は古いです。あるいは昭和40年代、50年代初頭までは、そんな風に言うこともできたのかもしれません。ですが今や、クルマを買うことを特段の贅沢として捉えている人は、日本にはそう多くはないでしょう。不景気でクルマが売れなくなったといっても、新車販売台数は２００７年の数字で５３５万台にも達しています。誰でも気軽に買えるとまで言うつもりはありませんが、贅沢品と括るのが時代錯誤的なことも、また明らかです。

もちろん、都市生活者にとって生活必需品とは言えないというのは、一面の事実です。バス、電車などの公共交通機関が整備された都市部で生活し、これらを通勤や通学に利用している場合には、自家用車が必要とされる機会はめったにありません。せいぜい週末の買い物やレジャーにしか使わないとなれば、確かに生活に必須のものとは言えないでしょう。

●「一家に一台」どころか「一人に一台」

ただ、1億2千万人の日本の人口のうち、こうしてクルマがなくても不便、不都合のない都市部で生活している人の割合は、決して大きなものではありません。名目上は「市、区」であったとしても実態が伴わない地域は数多くあります。経済の停滞やそれに伴う若者の流出などが、そういった状況を作り出しているのです。

これらの地域ではバスや電車などが廃止となるなどの理由によって、自家用車が唯一の交通手段となっている場合が非常に多いのです。もはや「一家に一台」どころか「一人に一台」というのがクルマをめぐる地方の現実なのです。

そういう事情を見ることなく、クルマに乗らなければいいと言うのは、あまりに無責任です。自家用車が唯一の交通手段である人たちにクルマに乗るなと言っても、それは机上の空論ですらなく、単に無意味というものでしょう。

都市生活者に対して、クルマに乗らなければいいと言うのも、効き目は期待できません。何しろ彼らはそもそも普段、クルマに乗っていないのですから。もちろん、今は週1回乗っているクルマを手放して、今後はクルマには乗らないようにすれば効果はゼロではないでしょう。けれど、劇的な効果を望めるものでないことは明らかです。

●クルマに乗らない決断――地方都市のAさんの場合

地球環境と温暖化の問題に頭を悩ませ、クルマに乗らないことこそ一番有効な解決策だと思い至った、某地方都市に住みフリーランスの仕事をしているAさん。早速、長年連れ添った愛車を売却し、これからはクルマなしで生活しようと決意します。

クルマを手放した翌日は、早速打ち合わせの日。相手の事務所は地元に1本にしかない電車の、急行停車駅近くの一角にあります。これまではクルマを運転して30分ほどで着いていた場所ですが、今日からは公共交通機関で行かなければなりません。

Aさんは念のため1時間前に家を出て、15分ほど歩いたところにあるバス停へ。ところが時刻表を見ると、バスは10分ほど前に行ったばかりで、次の便は何と2時間後までありません。当然、それを待っていては遅刻です。

困ったAさん、まずは周囲を見渡しますが、なにしろ都市部から離れた我が家、流しのタクシーなどめったに通りません。思案した挙げ句、携帯電話でタクシー会社を呼び出し、30分ほど待ってやってきたタクシーに飛び乗ります。何でも、そのタクシーはこれから行く急行停車駅の近くで客待ちをしていたのだとか。急いでもらって何とか時間ギリギリに間に合いました。ただし、そのタクシーは駅とAさんの家の間を1往復半したわけです。しかも急いで。

帰りはちょうどいい時間のバスがあったため、最後部座席に陣取ってゆっくり帰宅。道路の渋滞を尻目にうたた寝しながら「やっぱりクルマを売ったのは正解だったな」と悦に入ります。

ところが家に着いてみると、郵便受けに宅配便業者からの不在連絡票が入っていることに気付きます。先日、もうクルマを売ってしまうからと家への配達を頼んだ大きな荷物が、留守にしている間に届いていたようです。家に来た時間を見ると、つい数十分前。あわてて宅配便業者に電話をすると「急いで再配達の手続きをします!」との返事。やれやれと思っていると1時間ほどして宅配便が届きました。

すると宅配便業者曰く「実は昨日もうかがったんですよ」と。何だって? そう、実は配達日指定は昨日になっていたのに、Aさんは頼んだことも忘れて、まさにクルマを売却に出掛けてしまっていたのです。「クルマ売ったの……ホントに正解だったよな?」ちょっとだけ疑問に思ったAさんでした。

●代案がなければ説得力を持たない

地球環境と温暖化の解決策としての「クルマに乗るな」論に説得力がないのは、まずひとつに、代わりの交通手段をどうするのかという提案を欠いているからです。公共交通機関が、乗客の減少によって経営が立ち行かないなどの理由から統廃合、あるいは路線廃止などに至っている地方で、自家用車なしにどのように生活すればいいのでしょうか。

もちろん、自家用車を交通手段に使えばそれで解決だと言っているわけではありません。同様に人口流出等の要因で統廃合が進む小中学校への児童の通学手段として、自家用車を頼みにするわけにはいきません。高齢者、要介護者、障害者への配慮も、それだけでは足りないと言わざるを得ないでしょう。

もちろん、その他の人々にとっても、自家用車がなければ生活ができないというのでは、あまりに不便です。ここには、政治が早急に何らかの手を打つ必要があります。しかし現時点では、とりあえず自家用車。これしか選択肢がないのも、また確かです。

●物流だって無視できない

そしてもうひとつ、クルマについて語る時には自家用車だけでなく、物流に供されているトラックのことを無視することはできません。これだけ鉄道網が整備された日本でも、物流に占めるトラック輸送の割合は甚大なものがあります。東名、中央などの高速道路をよく利用される方ならば、昼夜問わずトラックが切れ目なく走行しているのを、よくご存知のことでしょう。

ちなみに国内のトラック保有台数自体は、1995年の2050万台から2007年には1650万台へと大きく落ち込んでいます。トラック輸送量も1991年には63億トンあったのが、2006年には50億トンを下回るまでに減少。その数字だけ見ると、あるいは物流のモーダルシフト、つまりトラックによる幹線貨物輸送を海運もしくは鉄道へと転換する取り組みが進んでいるのかもしれないと思わされるのですが、実際のところは、建設業に供されるトラックの輸送量が減っている一方で、運送業者などが用いる営業用トラックの輸送量は、長年にわたって増加傾向にあります。

景気の落ち込み、公共投資の削減によって建設業が不振となる一方で、コンビニエンスストアの増加、宅配便業者のサービス拡充などさまざまな要因によって貨物輸送は増えているというわけです。もちろん、「ジャスト・イン・タイム」という、在庫を持たず必要な時に必要なだけ部品等を補充する企業の物流システムにも、同じようなことが言えるでしょう。

そう考えるとAさんのように、自分がクルマに乗らない代わりに宅配便業者を活用するのは、ある面では正しい選択かもしれません。ですが、細かな時間指定だったり、不在再配達だったりといったサービスの充実は、配送車量の走行距離を増やすことに繋がります。1つの荷物を受け取るのに、都合3回も家を訪ねてもらったAさんの場合、本当にエコに繋がっていたかは微妙なところです。

●「文化的な生活」を手放せるか？

即効性の高い効果を期待するならば、皆が自家用車を捨て、さらにはそうした物流の体制を見直すべきでしょう。企業はジャスト・イン・タイムをやめ、ある程度の部品は常に在庫するようにする。コンビニエンスストアの商品補充は朝晩2回だけとし、宅配便業者の配達も1日1便に。ついでに、全国各地の特産品、あるいは本やCDなどをインターネットを通じて購入するなんてことも、やめてしまいましょう。

しかし、そんなことが本当にできるでしょうか？

近代以降、世の中が今のようなかたちになるまで発展してきたのは、端的に言えば、誰もが便利で快適で文化的な生活を送りたいからにほかなりません。もちろん、それに伴ってさまざまな弊害が生まれてきたというのも事実。環境破壊や地球温暖化の問題も、そのうちに入れることができるのでしょう。

ですが、だからといってすでに手に入れてきた便利さや快適さを手放しましょうと言うのは暴論です。なぜなら、そうしたものこそが文化を形づくっていることは間違いないからです。ジャスト・イン・タイムをやめた工場は、世界に対する競争力を持ち得るでしょうか？ クルマに乗らず、美味しいものも娯楽もガマンする生活は、文化的と言えるでしょうか？ それは果たして、世の中を、社会を、発展させるでしょうか？

もしかすると、高い人格と深い見識を備える一部の人にとってはたやすいことなのかもしれません。ですが、それを大衆に広く期待するのは無理というものでしょう。

大衆だなんて上から見たような言葉を使いましたが、少なくともそこには筆者自身が含まれています。それらを自分の生活から手放すことはできません。ましてやクルマ好きにとって、それは人生の一部を切り捨てろというのと同義だと言っても過言ではないでしょう。

●モビリティはすべての人間の権利だ

個人の自由な移動。これは20世紀に私たちが手にした一番の宝物ではないでしょうか。それを後押ししたのが自動車の普及であることは言うまでもありません。自動車があれば、いつでも好きな時に、好きな人と、好きな場所へと行くことができます。その歓びがほかの何にも代え難いものであることは、この本を手にとった方には、改めて強調するまでもないでしょう。

その個人の自由な移動という価値を捨て去り、すべてを、あるいは長距離移動だけでも公共交通へとシフトすることは、なるほど環境や地球温暖化の問題に対してはプラスとなるのかもしれません。ですが、その時に私たちは、同時に文化的な生活の一側面を手放すことになることも明白です。それでも私たちは、満ち足りた暮らしを送ることができるでしょうか。

そんな21世紀を望んでいる人は、きっと皆無でしょう。私たちが望むのは、今よりもさらに満ち足りて、文化的な生活のはずです。もちろん、公共交通を充実させることは第一に考えるべき課題です。しかし、それと同時に個人の自由な移動がこれからも可能にするための方策も、考えなければなりません。

そこで浮かび上がってくるのが「エコドライブ」です。皆がエコドライブを徹底するだけで、個人の自由な移動がもたらす、いつでも好きな時に、好きな人と、好きな場所へと行くことができるという価値はもちろん、移動に要する時間も、楽しさも、一切犠牲とすることなく、確実に燃料消費量を減らし、そして環境負荷もCO_2排出量も削減することができるのです。

それでも「エコドライブ」、しない理由なんてありますか？

第3章 ガソリンダイエット運転術——基礎編

運転の仕方を変えるだけで、燃費はこんなによくなる！

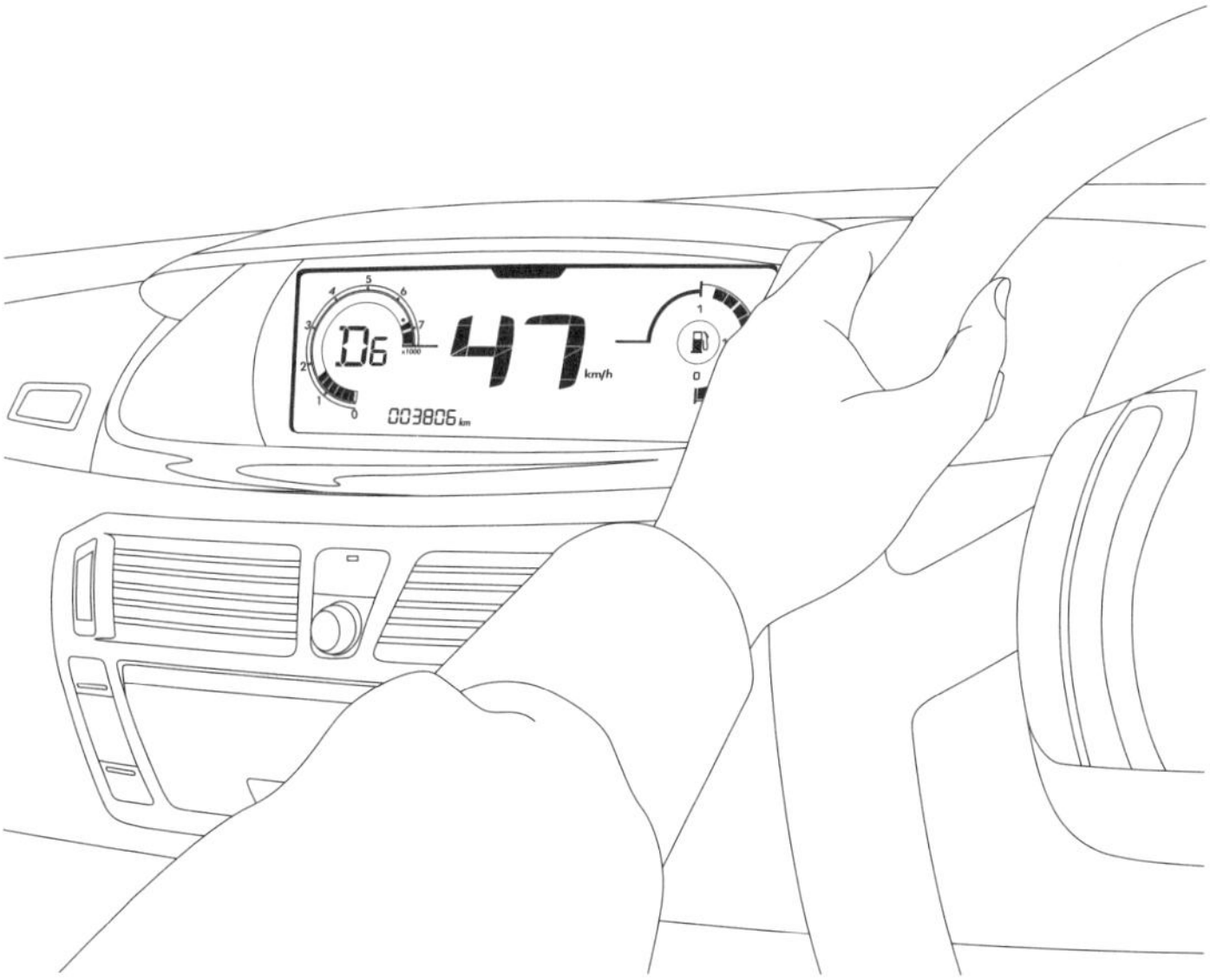

●できるだけ速く、楽しく

第1章でお話しした通り、もし周囲に他のクルマがおらず、1台だけで走っているのであれば〝ふんわりアクセル〟は燃費を確実に向上させるでしょう。ですがたいていの場合、まわりにクルマが1台もいないということはありません。

そんな中で、周囲のペースを乱すほどにゆっくり走るのは危険というもの。1度の信号待ちで渡れるクルマの数が減ることで、社会全体で見た場合のトータルの燃料消費量も、かえって増えてしまうことが考えられます、よって〝ふんわりアクセル〟の出番はほとんどないと言っていいでしょう。

さらに付け加えるならば〝ふんわりアクセル〟でゆっくり走って燃費が良くなっても、それは当たり前のことでしかありません。当然限度はありますが、基本的にクルマはアクセルを踏まなければ、それだけ燃料消費が抑えられるのですから。

ですが、果たしてそれでクルマに乗る意味があるのでしょうか？

前の章で、クルマは個人の自由な移動という価値にとって欠かせないものであると書きました。個人の自由な移動とは、いつでも好きな時に、好きな人と、好きな所へ行くことができるということです。

とりわけ「クルマで」と考えた場合、ここにはさらにふたつの、大切な要素が入ってきます。それは「できるだけ速く」、そして「楽しく」、目的地へ移動できるということです。

●「速さ」「楽しさ」はクルマの大事な価値

誤解のないように補足すると、「できるだけ速く」というのは、何も交通道徳を無視して飛ばすことではありません。ここで言っているのは、速さを犠牲にするのではないということです。

速さ＝スピードはクルマにとって大事な価値です。それは、これまでの自動車の歴史を振返ってみれば一目瞭然。速さ、すなわち目的地までできる限り早く到着できることこそが、クルマの進化の歴史において最大の焦点であり続けてきたのです。

目的地に早く着くことができれば、仕事などの用事をこなす時間、あるいは楽しむ時間を、そのぶんだけ増やすことができます。運転している時間、あるいは同乗している時間が短縮されることは、快適であることにも繋がるでしょう。

もちろん、ゆっくり走る楽しさを否定するわけではありません。ですが、ゆっくり走ることを強制されるのだとしたら、それはクルマにとって大切な価値のひとつを失うことだとも言えます。それで燃費が向上したとしても、極端な話、意味は半減というものです。ここで言う「エコドライブ」は、スピードというクルマにとっての大切な価値をまったく犠牲にすることなく、燃費を向上させることを目指します。

「楽しく」という要素も、話は同様です。できるだけアクセルを踏み込まずゆっくりと走り出し、周囲のペースを顧みず頑にスローペースで走って速いクルマにどんどん追い抜かれ、しかも車内はエアコンを切っているので蒸し暑く……といった具合に、燃費向上を目指すあまりに、あらゆる面で我慢を強いられるのでは、そのうちクルマに乗ること、運転することが楽しくなくなってしまうでしょう。

それでは意味がありません。必要のない我慢はせず、発想の転換によって楽しく、しかも燃費を抑えることのできる運転。それが本当のエコドライブなのです。

●走り出す前にできることがある

では早速、エコドライブ実践法を……と言いたいところですが、その前にやっておくべきことがあります。

実はエコドライブは、走り出す前から始まっています。クルマに乗り込み、キーを回して、あるいはスタートボタンを押してエンジンを始動する前に、できることがたくさんあるのです。

まず行うべきは、シートポジションそしてミラー位置の調整です。普段、何気なくエンジンをかけて、おもむろにこれらを操作している方も多いと思いますが、考えてみれば、これらはエンジンをかけていなくてもイグニッションがONになっていれば、たいていのクルマは調整が可能なはずです。ここで余計な燃料を消費する必要はありません。まずエンジンをかける前に、これらの調整を済ませてしまいましょう。

この時、必要であればナビゲーションシステムの目的地も、同時に設定してしまいます。目的地が決まっているのならば、あらかじめここで目的地設定してしまえば、エンジンをかけた後、すぐに走り出すことができます。

ナビゲーションシステムがあれば、知らない所、初めて行く所へドライブする時でも道に迷わずに済むことは言わずもがなですが、道に迷わないということは余計な距離を走ることがなくなり、燃料消費を節約することにも繋がるのです。せっかくナビゲーションシステムが付いているのなら、ぜひとも有効活用して燃費向上に役立てましょう。

●電装品のオフは燃費向上に効く

また、逆に目的地が頻繁に訪れるよく知った場所だという場合には、ナビゲーションシステムをオフにするといいでしょう。何気なくつけっぱなしにしてしまいがちですが、クルマの電装品はすべてエンジンの出力を使って発電されているものなので、それだけでも確実に燃料消費を増やしているのです。　もちろん、エアコン、オーディオなどについても同じことが言えます。天気のいい日にはエアコンをオフにする、あるいは送風だけにするなど、こまめに操作することで確実に燃費を向上させることができます。

そして当然ながら、「私のクルマにはナビゲーションシステムなんて付いていない」という方もいらっしゃることでしょう。そういう方は、出掛ける前に地図などで目的地までのルートを確認しておくことをお勧めします。それだけでも効果は期待できますし、何より運転の余裕に繋がります。その余裕を安全、そしてエコドライブに活かすことができれば最高です。

●アイドリングはいらない

シートポジション、ミラーの位置、ナビゲーションシステムや空調などすべての準備が整ったら、いよいよエンジンをかけてスタートです。「暖機しなくていいの？」と思われる方もいるかもしれませんが、ここでは暖機運転は一切不要と言い切ってしまいたいと思います。

昔と違って、今のエンジンはコンピューターがすべての制御を行っています。ですのでエンジンがまだ暖まっていないうちには、たとえアクセルを深く踏み込んで急発進を試みたとしても、決して無理な負荷がかからないようにクルマの側で調整するといったことが行われます。一部のクルマでは可変式のエンジン回転計が備わっていて、水温の上昇に合わせて回転許容限界（レブリミット）が変化していくものもあります。

いずれにせよ、クルマのほうでエンジンが早く適正な温度まで暖まるよう制御してくれるので、氷点下十数℃の厳寒の中でもない限り、乗り手の側が適当に2～3分アイドリングをして、頃合いを見計らってスタート、なんてことは、もはやしなくてもいいのです。

もちろん、いくらコンピューター制御の今のクルマでもエンジンをかけていきなり飛ばすのは厳禁です。言うまでもなく、クルマにはエンジンだけでなくトランスミッション、ブレーキ、タイヤ等々のさまざまなパーツが付いています。走り出して間もないうちは、これらも同時に暖めてやるつもりで、心もち穏やかに走らせてあげましょう。

●発進は素早くスムーズに

まずは序章にも書いたように〝ふんわりアクセル〟のことは潔く忘れましょう。〝ふんわりアクセル〟は自分にとってのエコノミーには貢献しますし、周囲に他のクルマがいなければエコロジーにも繋がりますが、周囲にクルマがいる場合には、交通の流れを阻害してしまい、その社会全体でエコ度を測った場合には、逆効果とすらなりかねないのです。

オートマチック・トランスミッション（AT）車の場合、アクセルペダルはタイヤが半周するくらいまでスーッと踏んでいって、クルマがしっかり前進し始めたら、あとは速度の上昇に合わせるように踏んでいきます。マニュアルトランスミッション（MT）車は、クラッチが繋がるまではアクセルペダルの踏み込み度合いは一定にし、繋がってクルマが前に出だしたら、アクセルペダルをじわりと踏み込んでいって速度を上げていくといいでしょう。

注意が必要なのは、最近続々と増えてきている2ペダルMT車です。フォルクスワーゲンのDSGやアウディのS-トロニック、そしてアルファ・ロメオのセレスピード、フェラーリのF1マチックなどがそれにあたります。これらは構造としてはMTに近いものの、クラッチ操作や変速をコンピューター制御で電子的に行ってくれるシステムです。

このシステムではアクセルペダルの踏み具合に応じてクルマの側で自動的にエンジンの吹け上がりとクラッチの繋がり具合をコントロールするのですが、できるだけエンジンを吹かすことなく、しかもモタモタしないで発進しようとすると、これが結構難しいのです。

それでも、ちょっとしたコツがあります。アクセルペダルをスッと踏み込んでいって、クラッチが繋がってクルマが前に動き出す感触が伝わってきたら、アクセルペダルを踏み込んでいる右足の動きをわずかに緩めてやるといいでしょう。そうするとクラッチが繋がる前にエンジンが吹け上がり過ぎることがなく、またクラッチが繋がった途端にクルマがドンッと前に出てしまうのも防げるため、スムーズに発進することができます。

●なぜ〝ふんわりアクセル〟はダメなのか

ここまで、何度もダメ出しをしている〝ふんわりアクセル〟。日本省エネルギーセンターやJAF、その他さまざまなところで提唱されているエコドライブでは、必ずと言っていいほど謳われています。クルマは発進する時、そしてその後の加速の時が一番燃料消費が大きいので、その発進をゆっくり行うことで燃費を改善しようというのが、その趣旨です。

JAFのウェブサイトを見ると発進について、こう書いてあります。

「発進は一呼吸おいて、それからアクセルを徐々に踏み込みましょう」

この発進法の何がいけないのか。最初の章にも書きましたが、ここで改めて説明しておきたいと思います。

まず引っ掛かるのは「一呼吸おいて」という部分です。これは何を意味するのでしょうか？

正直なところ、よくわかりません。信号待ちの列の先頭にいて、青信号とともに発進する場合などには、確かに左右の状況を確認してから発進するべきでしょう。しかし、それはあくまで安全のため。本来は、アクセルを踏み込む前から周囲の状況に目を配っておき、青信号になったら「一呼吸」なんて無駄なことはしていないで、できるだけ素早く走り出すべきです。

●とんでもなく遅い〝ふんわりアクセル〟

続く「アクセルを徐々に踏み込みましょう」も、誤解して受け取ってしまう可能性があります。ここで言う「徐々に」とは、一体どれぐらいなのかといえば、同じく〝ふんわりアクセル〟を提唱する省エネルギーセンターのウェブサイトには、こう書いてあります。

「最初の5秒で20㎞／hになるくらいのペースが目安」

これだけでは、ちょっとわかりにくいと思いますが、同じページにはこうも書いてあります。

「路線バスの発進加速を参考にするのも良い方法です」

「雪道発進と同じ要領です」

想像してみれば、すぐにわかります。推奨されている発進法は、とんでもなく遅いのです。別に遅くてもいいじゃないか、燃費が良くなるならば。そのように考えられる方も、あるいはいるかもしれません。それも確かに一理あります。ただし、周囲に他のクルマがまったく走っていなければ、の話ですが。

●交通社会全体のエコという視点

もし交差点や踏切などにいるクルマが自分の1台だけで、特に急いでいるわけでもないのならば、〝ふんわりアクセル〟でできる限りゆっくりスタートすればいいでしょう。アナタにとってのエコ度は確実に向上するはずです。ですが、もし自分のクルマの後ろに他のクルマが並んでいたならば、あるいは対向車線にそれなりの交通量があるならば、〝ふんわりアクセル〟は実はエコに反することにもなりかねません。

理屈は簡単。皆が一呼吸置いて、それほどまでのゆっくりとしたペースで発進していては、1度の青信号、あるいは踏切の遮断機が上がった状態で、その交差点なり踏切を通過できるクルマの数が減ってしまうのは明らかだからです。

想像してみてください。アナタの通勤路にある幹線道路の右折レーンで、1度の右折信号で曲がれるクルマの数が2台ずつ減ったとしたら……。右折待ちのクルマが、あっという間に直進車線まではみ出してくるのではないでしょうか？　そうなったら渋滞は必至。その交差点を通過する車両すべての燃費は悪化し、大量のCO_2を発生させることになるはずです。

〝ふんわりアクセル〟には、自分のクルマのエコという視点だけで、交通社会全体のエコという視点が欠けています。ですが言うまでもなく、クルマは1台で走っているのではなく、周囲にたくさんのクルマや、さらには自転車、歩行者などがいる中で走っています。そこを斟酌していない〝ふんわりアクセル〟は、だから推奨できないのです。

●加速もスムーズに、そして素早く

発進したら次は当然、加速するのですが、この際もやはりアクセルを踏み込まなければすなわちエコである、とは言えません。

まず基本中の基本として心がけたいのは、スムーズな加速です。何を今さらと言われるかもしれませんが、これができていない人は意外と多いのです。ただし、ここで言うスムーズとは、何度も繰り返すようですが「ゆっくり」という話ではありません。

速度の上昇に合わせてきれいにアクセルを踏み込み、一定の割合で速度を上げていくということ。踏み込みすぎたり、アクセルを戻して再び踏み込むなどしてギクシャクと速度を上げていく運転は、燃料をたくさん消費します。イメージとしては、助手席で寝ている人を起こさないような加速です。

もちろん加速はスムーズなだけではいけません。あくまで素早く、交通の流れに乗って速度を上げていく必要があります。ゆっくり加速するのは、ここまで何度も書いているように社会全体にとってエコにならないのはもちろんのこと、実は自分にとってもエコにならない可能性が高いのです。

アクセルの踏み込みを最小限に抑えてゆっくり速度を上げていくと、クルマは長い時間にわたって加速を続けていることになります。実はこれ、燃費のためには必ずしもプラスとはなりません。むしろ早めに速度を一定のところまで上げてしまい、そこで定速走行で巡航した方が、トータルで見て燃費がいい場合が多いのです。

特に定速走行の時間・距離が長くなるほど、その差は明確になります。普段、市街地を走っている時の燃費よりも、高速道路を使った時のほうが燃費が良くなっているという経験は誰もがしていることでしょう。それはまさに、一旦加速したらあとはほぼ一定の速度で走っているからなのです。

●ゆっくり加速すると効率が悪い？

もう一点、ゆっくりとした加速には意外なデメリットがあります。実はアクセルをほんの少しだけ踏んだ状態というのは、エンジンにとってはあまり効率が良くなく、かえって燃費が悪くなるケースもあるのです。

アクセルペダルを少しだけ踏んでいる状態では、エンジンの空気吸入量を調整するスロットルバルブがわずかしか開かず、それが空気の通り道において吸気の抵抗となって効率を悪化させてしまいます。これをポンピングロスといいます。

アクセルをある程度踏んでスロットルバルブを開いてやれば、そのロスを抑えることができます。もちろん、アクセルを踏み込むほど燃費が良くなるという意味ではありません。踏み過ぎれば、クルマは「今、加速がしたいんだな」と判断して、沢山の燃料を噴射してしまいます。MT以外の場合は、ある程度以上踏み込むとキックダウンして回転数も高まり、これまた当然逆効果です。

ポイントは、ポンピングロスを最小限に抑え、しかもキックダウンせず同じギアをキープでき、不要な加速をしないベストなアクセルの踏み込み量を探り当てること。その領域をうまく使うことができれば、効率よく加速することができるのです。

そんな効率のいい加速のためには、MTもしくはマニュアルモード付きのATや2ペダルMTの場合、早めにシフトアップしてしまうという手があります。こうしてエンジン回転数を下げれば同じアクセルの踏み込み量でもポンピングロスが減少します。また同時にエンジンの内部パーツの摩擦抵抗も小さくなり、吸気量が減ることから燃料の噴射量も当然少なくなります。しかも高いギアの方が低いギアよりも転がり抵抗も減少します。こうしたもろもろのが作用の相乗効果で、効率を高めることができるというわけです。

最近のエンジンは電子制御式のスロットルを採用しており、実はドライバーの操作に対して非常にキメの細かいスロットルのコントロールを行っています。ここに書いたのは一般論であり、クルマによって特性はさまざま。あるいは、その固有の特性を活かしたテクニックも考えられます。瞬間燃費計が装備されているクルマの場合は、それを活用していろいろな走り方を試して、燃費を測り較べてみるといいでしょう。うまくポイントを見つけられれば、燃費のいい効率的な加速が可能です。

シフトアップについてはいろいろなテクニックがあるのですが、それについては後の応用編にて詳しく紹介します。まずここでは、素早くスムーズな加速のリズムを覚えていただければいいでしょう。

●巡航はできる限り一定速度で

素早くスムーズに法定速度まで、あるいは流れに乗る速度まで加速させたあとの巡航時にも、燃費を低減させることは実は可能です。と言っても、そこには難しいコツも驚くような裏ワザもありません。あくまで基本に忠実に。しかし、それこそが確実にエコに繋がるのです。

巡航の際に何より大切なのは、一定の速度を保つということです。50km/hなら50km/hを可能な限り維持して走るだけで、燃費には確実にプラスの効果が表れます。先に記したように、エンジンにとってもっとも大きなロスとなるのは無駄な加減速なのです。不必要なほどアクセルを踏み込んで無駄な加速をして、前のクルマに詰まったら減速、車間が空いたらまた加速するというのを繰り返すなんて走り方はもってのほかと言えます。

理想は、素早くスムーズな加速で一定の速度まで達したら、あとは速度が落ちないギリギリまでアクセル開度を絞って走行すること。速度計、回転計、さらには耳に入ってくるエンジン音や風切り音、ロードノイズ等々、さまざまな情報を五感で受け取って、いつの間にか速度が下がっていたり、あるいは無駄に加速したりといったことがないように走らせます。

もちろん、道は平坦ではないので、それは決して簡単ではありません。特に注意したいのは、道に上り勾配がついている場合です。

●緩やかな上り坂には要注意

急坂の場合は速度がグッと落ちるので誰でもすぐに上りに差し掛かったことに気付きますが、緩やかな勾配では時としてそれに気付かないことがあります。すると、アクセルの踏み込み方は一定であっても次第に速度が落ちてきてしまいます。

この場合、アクセルを踏み込んで、あるいはアクセル開度は変えずにシフトダウンして、できる限り速度をキープします。上り勾配で1台のクルマの速度が落ちると、後続のクルマは、後ろに行けば行くほど速度がどんどん下がっていき、やがてはブレーキを踏まなければならなくなり、最悪の場合は渋滞にまで発展します。

実は高速道路の、事故が原因ではない渋滞は、ほとんどが上り勾配あるいはトンネルなどで起こる、こうした自然な速度低下が原因。渋滞の先頭を抜けてみたら、どこにも原因となりそうな事故の形跡などは何もなく、一体どうして渋滞していたのだろうと不思議に思ったという経験、誰でも一度はあるでしょう。この渋滞の原因を「サグ」と言います(サグ＝sag　たわむ、たるむ、沈下するなどの意)。

自分の運転が後続に大渋滞を引き起こさないよう、一定速度を保つということを常に意識して走りましょう。

●車間距離を保ち、周囲をよく見て

走行中は前走車との距離をあまり詰めないように。2、3台前のクルマの動きを見ながら走りましょう。前走車との距離が近過ぎると、そのクルマの挙動に合わせていちいち細かく加減速しなければならず、一定速度を保つのが難しくなります。常に少し間隔を空け、例えば2、3台前のクルマがブレーキを踏んだら、こちらもアクセルを緩めてブレーキを踏めるようにしておくと、速度の上下が激しくならずスムーズな運転が可能になります。2車線道路などで、車線変更をしてこようというクルマがいた場合にも、これなら強くブレーキを踏む必要はなく、ポジションを譲ることができるはずです。

ただし、あまり間隔を空け過ぎない方がいいかもしれません。右に左に車線を移動して少しでも前に出ようとするお行儀のよろしくないクルマが前に割り込んできて、頻繁にブレーキを踏まされる、なんてことも十分起こり得るからです。

そういう事態も含めて、道路を走っていればいろいろなことが起こります。そう考えた場合にも、前走車にあまり近づき過ぎていると、周囲の状況が読みにくくなってしまいます。前走車を含めたまわりのクルマと適切な距離を保ち、周囲の交通の流れ、自分の周りを走るクルマの動きを、できるだけ俯瞰で見られるようしっかり目を配って走る。これが結局は、エコドライブに繋がっていくのです。

●減速だって燃費向上のチャンス

クルマは走っていれば、いつかは止まらなければなりません。先に、燃料を消費するのは主に発進時、そして加速時だと書きましたが、実は減速時にも乗り手の工夫次第で燃料消費を抑えることが可能だと言ったら意外でしょうか。でも、これも理屈はとっても簡単です。

減速の際に燃費を稼ぐ一番の手立ては、アクセルオフの時間を長くすることです。当たり前ですよね。アクセルを踏んでいなければ、今のエンジンはマネージメントシステムが燃料カットの指令を出し、燃料が噴射されないのですから……基本的には。基本以外の時の話は後に回して、まずはその基本、アクセルオフの時間をできるだけ長くすることを考えましょう。

話は何も難しくありません。先に見える信号が赤だったら、ギリギリまで加速し続けて強いブレーキングで停止するなんてことは無駄でしかないのでやめましょう。アクセルを緩めていって、できれば早めに完全にアクセルオフして惰性のまま進んで、ブレーキングして停車するというのがベターです。

●ブレーキ中のシフトダウンは不必要

ただし、これはあくまで後続車がいない、もしくは十分に距離がある場合の話です。自分が後続車の立場だとすれば、前走車がブレーキランプも点けずにアクセルオフだけで突然減速し始めたら、何が起こったのかと不安になるでしょう。あるいは不愉快に思うかもしれませんし、なにより危ない。

後続車がいる場合には、車間距離等々を十分に勘案して、軽くブレーキペダルを踏んでブレーキランプを点灯させながら速度を落としていくといった工夫をしたいところです。普段から、どのぐらい踏めばブレーキランプが点灯するのか、確認しておくといいかもしれません。

またMT車、AT車、2ペダルMT車のいずれも、ブレーキング中のシフトダウンは行わないほうがいいでしょう。エンジン回転数を合わせるためにアクセルを煽ってエンジンを空吹かしさせるのは、当然燃費を悪化させます。

AT車、2ペダルMT車にも、最近は自動ブリッピング（＝空吹かし）機能が付いているものが増えていますが、これについても同様。こうしたテクニックを使うのはサーキットなどで楽しく走らせたい時だけにして、普段は無駄な燃料を使うのは控えたいものです。

第4章

ガソリンダイエット運転術——応用編

さらに燃費を良くしたい人のための、上級テクニック

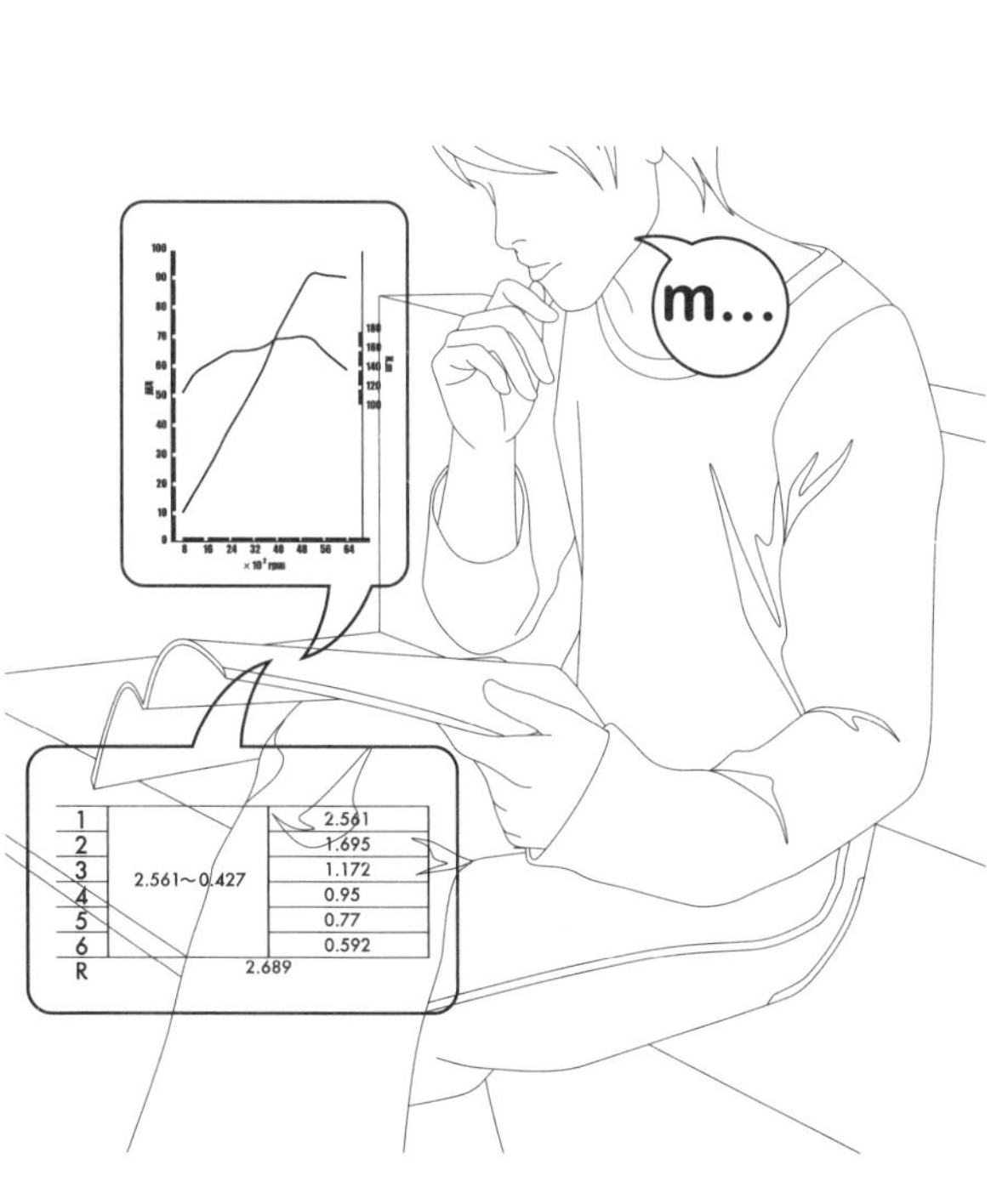

●両手両足と五感をフル活用

繰り返しになりますが、ここまで紹介してきた方法を実践するだけでも、燃費向上は間違いありません。ですが、やっぱりそれだけでは物足りないと思われる方も少なからずいらっしゃることでしょう。とりわけ、普段からそういう運転を心がけているという人にとっては、これだけでは燃費向上幅は小さいかもしれません。

ここからはそんな方々のために、より突っ込んだエコドライブの方法を指南していきます。あらかじめ申し上げておきますが、この応用編は簡単ではありません。両手両足と五感をフル活用して、始終忙しく運転操作に勤しまなければならないでしょう。

普段、安楽な運転に慣れてしまっている人にとっては、信じられないほど忙しく感じられるかもしれません。習熟には、少々時間もかかると思います。ですが、効果は保証つき。普段、スマートな運転を心がけているという人でも、燃費をドンと向上させることができること、請け合いです。

●マニュアルシフトを活用する

ここまでの基礎編を通して、自分のエコ度、そして周囲のエコ度まで考慮した上でもっとも効率がいい運転法をわかっていただけたと思います。そう、スムーズで素早い加速を、できるだけエンジン回転数を抑えて行うことですね。

しかしながら最後の〝できるだけエンジン回転数を抑えて〟というのは、一体どうしたら可能になるのでしょうか？

MT車であれば、そもそもギアチェンジはすべて自分の手で行いますから、あまり各ギアで引っ張らず、できるだけ早めにシフトアップしていけばいいでしょう。そして、パドルシフトなどが備わった2ペダルMT、あるいはマニュアルモード付きのATの場合も、マニュアルモードを使った積極的なシフトアップにぜひ挑戦していただきたいと思います。

ただし、これが有効なのは基本的には5段以上の多段ATです。4段、あるいは3段のATの場合、各ギアの間隔が離れていて、それぞれのギアの守備範囲の重なる部分が少ないため、かなりエンジン回転数を上げてからでないと次のギアにシフトアップできない場合が多いのです。

シフトアップは自分の手で行うとして、シフトダウンはどうすればいいのでしょうか。クルマによっても違ってきますが、基本的には答は簡単。クルマに任せてしまえばいいのです。たいていのATや2ペダルMTの場合、シフトダウンが必要なくらい低いエンジン回転数で走り続けていると、エンジンやトランスミッションの保護のためにクルマの側で自動的に最適なギアまでシフトダウンしてくれます。マニュアルモードで走っていても、信号などで停止すると自動的にギアが1速に戻っています。あの働きを利用するのです。

交差点やカーブなどでのブレーキングの際にはそれに集中。安全に通過するまで、セレクターレバーに手を触れる必要はありません。そうして交差点やカーブを抜けたら、またエンジン回転数と相談しながらシフトアップしていけばいいのです。

●エンジンの特性は自分で見極める

クルマによっては、セレクターレバーやステアリングシフトパドルなどを使って人間の手でシフトダウンしようとすると、アクセルの中吹かしを入れて回転合わせをしてしまう場合があります。スポーティに走らせる時には気分を盛り上げてくれ、また挙動もスムーズになって嬉しいこの〝ブリッピング〟機能ですが、実践編・減速のところでも書いたように、これはエコドライブの際には嬉しいものではありません。シフトダウンは原則としてクルマに任せましょう。

ただし、ATや2ペダルMTの変速ロジックやメーカーやクルマによって考え方が違っているので、すべてがこの限りではありません。停止時に1速に戻る以外は基本的に自動シフトダウンもシフトアップもしないクルマもあります。こういうクルマの場合は、マニュアルシフトよろしく自分でシフトアップ／ダウンを行わなければなりません。

さて、先にシフトアップするタイミングについて、〝できるだけエンジン回転数を抑えて〟と書きました。しかし、ここでひとつの疑問が浮かんできます。それは〝できるだけ〟とは一体どのぐらいのことを指しているのかということです。具体的には、果たして何rpmでシフトアップすれば効率が良いのでしょうか。

これについては世界のすべてのクルマに共通する答は、実はありません。もっとも効率のいいシフトアップポイントは、そのクルマごとに異なるのです。ですから、それは皆さん自身がそれぞれに探していく必要があります。

実際に走らせてみて、エンジンが十分に力を出し始めたなと思ったら、そこでシフトアップ。おおざっぱすぎるように見えるかもしれませんが、それでも十分な効果が望めるはずです。自動変速するDレンジでは、誰がどんな運転をしていても不快にならないように、ある程度余裕をもってシフトアップを行います。それに較べれば、違いはきっと明確に出ることでしょう。

●カタログを活用すればシフトアップポイントがわかる!?

そうは言っても、きっと困ってしまいますよね。普段Dレンジでばかり走行していたのに、いきなり自分で感じろだなんて言われたら。

はい、本当はわかっていました。意地悪をしないで、どこでシフトアップすればいいのかを探る方法をお教えしましょう。でも安心してください。実は、これも至極簡単な話なのです。

まずはご自身が乗られているクルマのカタログを用意してください。カタログがなければインターネットのウェブサイトを見ていただいてもいいですし、取扱説明書にもたいていの場合、記載があります。探し出してほしいのは「主要諸元」のページ、もしくはエンジンのスペックが載っているページです。

ここには最高出力、そして最大トルクと、それぞれの発生回転数が記されているはずです。「最高出力150ps／6000rpm、最大トルク20・0kgm／2500rpm」といった記載がそれです。注目すべきは、そのうちの最大トルクの発生回転数。まずは、これをシフトアップポイントの目処としてみましょう。

この「最大トルクの発生回転数」とは、そのエンジンのもっとも力が出る領域を示しています。ですから、ここを使って走るのがもっとも効率がいいのです。言い方を変えれば、この回転域を超えて回しても、そのエンジンからはそれ以上の効率を得ることはできないということです。

ですから、あるギアでエンジン回転数が最大トルクの発生回転数、先に例に挙げたエンジンで言えば2500rpmまできたら、すぐにシフトアップしてしまうのです。そうすることで、もっとも効率良く運転できる領域付近でエンジンを使い続けることができ、そして無駄に回し過ぎることもなくなり、燃費を向上させることが可能になるのです。

●緩慢な加速ではエコドライブにならない

気をつけてほしいのは、あまりに低過ぎる回転域でシフトアップしないようにということです。あまりに低い回転域でクルマに負荷をかけて走らせると、MTの場合はノッキングという現象が起こり、エンジンに負担がかかります。ギクシャクとした動きは快適性も削ぐはずです。

一方、ATや2ペダルMTの場合、クルマの側が回転数が低過ぎると判断すればシフトアップがキャンセルされるため、クルマに余計な負担をかけることはありません。

ですが、トルクのあまり出ていないところでどんどんシフトアップしていけば、当然ながら緩慢な加速しか得られません。何度も書いている通り、ゆっくり走って燃費を稼ごうというのは、ここで紹介している正しいエコドライブではないのです。

早めに高いギアに入れて、エンジン回転数は低くても車速は高めにキープする。それが正しいエコドライブのコツなのです。

●「最大トルクの発生回転数」がカギ

この「最大トルクの発生回転数」は、クルマ選びの際にも、それがどのぐらいエコドライブ向きかを知る上で大切なカギとなってくれます。エンジンの特性は、最高出力が大きいから燃費が悪い、小さいから燃費がいい、同じように過給器付きだから燃費が悪い、付いていないから燃費がいいなどと、単純に割り切れるものではありません。

たとえば排気量の大きいエンジンでも、低い回転域で大きなトルクを発生するため普段ほとんど高回転域まで回す必要がなく、結果としてピーキーな特性の小排気量エンジンよりも良好な燃費をマークするということは、往々にして起こり得ます。過給器をうまく活用し、パワーと燃費を両立させているエンジンも最近増えています。

最大トルクが一体どのぐらいの回転域で発生されるのかを知れば、実用域での扱いやすさ、エコドライブへの適応性といったものを、ある程度推測することができるのです。

●「トルク曲線」でさらに突き詰める

そして、そうやって走らせているとクルマによっては、そこまで回転を上げなくても十分な加速を得られると気付く場合もあるかもしれません。そんな時には、もちろんそこまで引っ張る必要はありません。シフトアップする回転域を徐々に下げていって、痛痒なく走ることのできるギリギリのところまでしか回さないようにすれば、燃費をさらに稼ぐことができるでしょう。

そして、実はこんな風にさらに燃費を突き詰めるための、自分の感覚に頼るばかりでなく、もっと実践的でわかりやすい方法もあります。

ここで取り出していただきたいのは、先程と同じくカタログもしくはインターネットのウェブサイト、あるいは取扱説明書。そこにトルク曲線のグラフが出ていたら、まずはそれをじっくりと眺めてみましょう。

それを見てトルク曲線が、最大トルクの発生回転数に到達する前の時点から、最大トルクの9割程度の目盛りまで達していたならば、最大トルクの発生回転数まで回す必要はないかもしれません。この場合、もっと手前の十分なトルクを発生している回転域まで来たら、シフトアップしてしまいましょう。

まず最初は、その数字を頭に入れた上で実際にステアリングを握ってみて、実際にシフトアップのポイントを上下させて試してみるのをお勧めします。

●クルマの特性をつかめばさらに効率が上がる

また、カタログコピーなどで「２０００rpmから６０００rpmという広い回転域で最大トルクの90％を発生」などと書かれているのを見たことのある方も多いはずです。その場合は、たとえ最大トルクの発生回転数が４０００rpmだったとしても、２０００rpmでのシフトアップを試してみる価値は十分にあります。

こうしていろいろと試していると、きっとさまざまなことを発見できるはずです。たとえばこの後のページで実践レポートのテスト車として登場するフォルクスワーゲンのＴＳＩエンジンとＤＳＧの組み合わせの場合、Ｄレンジでは後述する〝右足シフトアップ〟を使っても、エンジンが１５００rpm以上回っていなければシフトアップしてくれないのに対して、マニュアルモードならば１３００rpmあたりでも次のギアに入れることが可能です。

また減速時も、Ｄレンジではノッキングを起こさないよう余裕をもって自動的にシフトダウンが行われるのですが、マニュアルモードでは軽くノッキングが起きる９００rpm辺りまで同じギアをキープすることができます。そして、そこからアクセルを踏み込んでいけば、再びじわじわと加速することができます。こちらのエコドライブに、徹底的に応えてくれるわけです。

こんな風に、それぞれのクルマの特性を掴んでいくと、さらに効率の良さを突き詰めた運転が可能になることでしょう。

●〝マニュアルモード〟は燃費向上に効く

これまでMTは、スポーティな走りを好む人のためのものだと思われてきました。ATや2ペダルMTのマニュアルモードも同様です。これらはエンジンを高回転まで引っ張って走らせるスポーツ走行時にこそ威力を発揮するもので、そういう走り方には興味がない、あるいは燃費こそが大事という人にとってはまったく関係のない、触る必要もないものだと思われてきたと言っても過言ではありません。

ですが、これからはその認識を改めるべきでしょう。MT、そしてATや2ペダルMTのマニュアルモードは、エンジンを高回転域まで使い切って走らせるものではなく、むしろ逆。できる限り低い回転域を使って効率良く走らせるためにこそ、これらは活用されるべきなのです。

燃費のためには、たとえATであってもマニュアルモードが付いているならば積極的にマニュアルシフト。エンジンのトルクが出るところをうまく使って、できるだけ回転数を抑え、しかしスピードを落とさないで走ることが重要です。

ただし、このマニュアルモードを積極的に活用する走り方には、注意しなければならないポイントがあります。まずはATをマニュアルモードにしている場合、信号待ちなどで停止・再発進した後に、つい変速を忘れて低いギアのまま延々と引っ張ってしまわないよう気をつけましょう。これは意外と多い事例ですが、それまで、せっせとエコドライブしていたのが、この一瞬で水の泡にもなりかねません。

●安全を忘れるのがいちばんのアンチ・エコ

シフトアップするポイントに気を取られて、運転中に回転計ばかりを見てしまうというのも、よくやってしまう過ちです。回転計の針の動きは、できれば視界の隅で追う程度にしましょう。心配は要りません。慣れてきたら、音や振動、速度感などによって身体でポイントを掴めるようになるはずです。

もうひとつ、ステアリングにシフトスイッチやパドルが付いていないクルマの場合は、片手運転にならないよう気をつけてください。頻繁にシフトアップしなければならないからと、いつの間にか片手をセレクターレバーに置きっぱなしにしてしまうことも、よくあります。当然、これでは安全が疎かになってしまいます。

何より重視するべきは安全であるということ。もし事故が起きたら、それはもっともエコに反することであるということ。くれぐれも、そのことを頭に入れた上で、エコドライブを実践してください。

理想を言えば、すべてのAT車、2ペダルMT車にステアリングから手を離さずにシフト操作ができるパドルシフトが装備されればと思います。もちろん、それはスポーツドライビングのためでもあり、同時にエコドライブのためでもあります。

1台分でいくらになるのかわかりませんが、トータルで見た燃費のため地球環境のため、各メーカー、インポーターには検討をお願いしたいところです。

●"右足シフトアップ"を体得しよう

ここまではATもしくは2ペダルMTでマニュアルモードが用意されている場合の、早めのシフトアップ法について記してきました。しかし、この本を読まれている方の中には、自分のクルマにはステアリングシフトスイッチだけでなくマニュアルモードすらないよという方も、きっと少なくないでしょう。そういうクルマでは早めのシフトアップによって燃費を稼ぐことはできないのでしょうか?

いや、そんなことはありません。マニュアルモードがなくたって、エコドライブは可能です。

では一体、何を使えばいいのでしょうか。それは「右足」です。

やり方は簡単です。Dレンジで加速していって、先に記した最大トルクの発生回転数など、シフトアップしたい回転数になったら、右足をほんの少しだけ緩めて一呼吸待ちます。するとクルマに積まれているコンピューターは「これ以上の加速は必要ないんだな」と判断。自動的にシフトアップしてくれるのです。

そうしたら、必要に応じてその速度をキープして走る、あるいはアクセルを再度、軽く踏み込んでもう少し速度を上げるなど、次の操作に移る。それだけです。

慣れないうちは、こちらがいくら待ってもシフトアップしてくれなかったり、あるいは右足の力を緩め過ぎて失速させてしまったりして、挙動がギクシャクするかもしれません。ギア段数の少ないATでは特に、うまくこちらの言うことを聞いてくれないこともあるでしょう。

コツは右足の力の出し入れをとにかく繊細に行うこと。便宜上、右足と書いていますが、本当は右足の親指付け根の筋肉の力を入れる入れないくらいの細かな細かな調整ができるのがベターでしょう。そうすればクルマはスムーズにシフトアップしてくれ、また車速が上下することもなく乗員は不快感を味わわずに済みます。

クルマによっては、マニュアルモードに入れるのと較べるとシフトアップ可能な回転数が高めに設定されていたりもします。ですが、いずれにせよ慣れれば、右足の動きひとつで自在に、そしてスムーズに変速できるようになることは間違いありません。

●高効率なCVTの欠点とは？

ただし、この方法がまったく通用しないクルマもあります。それはトランスミッションにCVT（無段変速機）を採用しているクルマです。

CVTはその名の通りギアの段がなく代わりに円錐状のプーリーが採用されていて、走行状況に合わせてギアレシオを無段階に調整します。マニュアルモード付きのものでは、擬似的に何段かのギアを持たせたものもありますが、機械的にはギアがないため、右足シフトアップのようなワザを使えない、もしくは使いにくいのです。

このCVTは、常にエンジンのもっともトルクの出る回転域を使うことができるという意味では非常に高効率のトランスミッションと言えます。しかし一方で強力な油圧をつくり出すためにエンジン出力をかなり使ってしまうこと、そしてドライバーの操作と実際の走りのダイレクト感が乏しいことという見逃せない欠点もあります。

特に後者は、燃費を向上させるための乗り手の工夫をほとんど受け付けてくれないということであり、また同じような理由でクルマの走りの楽しさのうちで大きなウェイトを占める、クルマと対話する歓びを感じさせてくれないということから、特にクルマを運転することを楽しみたいという人には、あまりお勧めとは言えません。

余談になりますが、実はCVTが主流なのは日本だけで、ヨーロッパなどでは勢力を失いつつあるのが現状です。代わりに台頭しているのが、フォルクスワーゲンのDSGに代表される2ペダルMT。これなら効率はMT並みに良く、コストも抑えられ、そして何よりクルマと対話しての走りを楽しむことができます。

効率はいいかもしれないけれど、運転する楽しさがないCVTにこだわっているのが、我らが日本のメーカーだけだというのは、何だかよくわかる話ですが、同時に寂しい話でもある気がします。

●マニュアルシフトは時と場合を選んで

ATや2ペダルMTであっても、自分の手でギアチェンジをすることで、Dレンジで変速をすべてクルマまかせにして走らせているよりも燃費を向上させることができる。ここまでは、そうお伝えしてきました。

ですが最近のクルマは電子制御技術の進化が著しく、実はDレンジで走っているだけでも相当賢く変速するクルマも増えています。発進したと思ったらすぐにシフトアップして、50㎞／hにも達していないのに6速まで入っているというクルマだってあるほど。実際のところ、ヘタにギクシャクしながら自分で変速するよりもスムーズで、しかもいい燃費を稼ぎ出すということだって珍しいことではありません。

ですから、もし運転にそれほど自信がないということであれば、この応用編で紹介してきたマニュアルシフトの活用に挑戦する前に、まずはDレンジで限界を極めるという選択も悪くはないと思います。

時と場合によって、変速をクルマまかせにするのか、それともマニュアルシフトを活用するのか、使い分けるという手もあります。たとえば、混雑した繁華街や住宅街を抜ける時などは、何より重視するべきは安全です。ここはDレンジに入れて変速はクルマに任せて、周囲をよく見ることとステアリング操作に集中。幹線道路や郊外など、より余裕をもって運転できる場所では、積極的にマニュアルシフトを活用するのです。

そういう意味では、最初に試してみる、あるいは練習してみるのは、街中よりは少し開けた場所、つまり人、クルマの量が少なめのところのほうがいいでしょう。

マニュアルシフトを駆使してクルマと対話し、ぜひとも燃費のさらなる向上を狙ってみてください。

●アイドリングストップはエコドライブの必須項目

停車中にエンジンを停止するアイドリングストップも、エコドライブの必須項目と言えます。駐車場などで停まっている時はもちろんのこと、信号待ちなどでクルマが前に進んでいない時にエンジンを切れば、余計な燃料消費が抑えられるのは当たり前。ハイブリッド車の燃費の良さは、まさにその大部分をこのアイドリングストップに負っているのです。

ですが、これもクルマが停止するたびに闇雲にエンジンを切れば、それでいい、というものではありません。実際に活用するには、注意すべきポイント、そしてコツがいくつかあります。まずは実際にやってみましょう。信号待ちなどで停止したらエンジンを切ります。それだけ？ いや、それだけではないのです。一旦OFFの位置まで戻したキーをもう一回、ONの位置まで戻してください。おそらく一度消えたメーターパネル上の各種インジケーターが再点灯するはずです。信号待ちでは、キーをこの位置にしておきましょう。最近増えているプッシュスタート式のクルマの場合、一旦エンジンを止めた後、ブレーキペダルを踏まずに再度スタートボタンを押せば、ONの状態になります。

ATあるいは2ペダルMT、そしてCVTの場合は、セレクターレバーをNもしくはPの位置に動かすのを忘れずに。Dの位置ではエンジンがかかりません。

●無駄はなくしたいが、無理は禁物

なぜ、わざわざONの位置まで戻すのでしょうか。実はイグニッションキーがOFFの位置にあると、車内の電装品も基本的には動作しません。つまりエアバッグなどの安全装置も動かなくなってしまうのです。

停止中といえども、他の車両からぶつけられる可能性がないわけではありません。そんな時に命を救ってくれる、あるいは大きなケガを防いでくれるのがエアバッグ。路上にいる限りは、常にこれが動作する状態にしておかなければならないのです。

ただし、ただイグニッションをONの状態にしていると、エアコンやオーディオなどもすべて動作してしまうため、バッテリーが上がってしまうのではないかと不安に感じるかと思います。短時間であれば、それほど心配する必要はありません。ですが頻繁にアイドリングストップを活用するのであれば、やはりこれらはスイッチを切っておいた方がいいでしょう。

「じゃあ夏場や雨の日はどうするの?」

そんな声が聞こえてきそうですが、そんな時は、敢えてアイドリングストップは行わないというのをお勧めしておきます。もちろん、燃料消費のことだけ考えればエンジンを切ったほうがいいのは明らかですが、そのために車内の温度が上昇してしまったらどうなるでしょう。不快感が増して運転が荒っぽくなったり、あるいは気分が悪くなったりして、やはり運転に支障をきたすかもしれません。

また、雨の中でエンジンを切りエアコンも止まった結果、青信号に変わった時にはウインドウが真っ白に曇っていたというのでは、やはり危険です。そんな風に安全を損ねてしまうのでは無意味というもの。

そうなるぐらいならばアイドリングストップはしないほうがいいでしょう。無駄はなくしたいところですが、無理をしてはいけません。そういう無理なダイエットは、きっと長続きもしませんから。

●交通の流れを乱さないために

信号で停止したらエンジンオフ。キーをONの位置まで回してセレクターレバーをNレンジまたはPレンジに入れて待つ。そして信号が青になったらおもむろにキーをひねってエンジンをかけ走り出す。アイドリングストップといえば、そんな流れを想像すると思いますが、実はこれは誤りです。なぜでしょうか?

信号が青になってからエンジンをかけていては、明らかに発進が出遅れてしまうからです。それでは一回の青信号で進めるクルマの数が減ってしまい、最悪の場合、渋滞を引き起こしかねないのです。

では正しいアイドリングストップとは? 何も秘策があるわけではありません。エンジンを止めて、キーをONにしたら、あとは周囲の状況にできるだけ気を配ります。そして交差している側の車線の信号が黄色になったら、あるいは歩行者信号が点滅しだしたら、すぐにエンジンを始動して、MTならギアを1速に入れて、ATその他の2ペダル車はDレンジに入れて待ちます。

この時やってしまいがちなのが、Nレンジに入れっぱなしのままあわてて発進しようとしてアクセルを踏み込んでしまうということ。信号が青になってからエンジンをかけていると、つい焦ってしまって、こういうことになりがちです。

Nのままアクセルを吹かしてしまうと、当然エコのためにはなりませんし、そこであわててDレンジに入れて発進しようとすると、さらに危険です。信号が青に変わる前にエンジンをかけるのは、余裕を持って間違いなく手順を踏むためでもあるのです。

●アイドリングストップの使い分け

そう考えると、停止中はPレンジではなくNレンジに入れておき、しっかりブレーキを踏んで待つのがいいでしょう。パーキングブレーキも、うっかり解除を忘れることがあるのでかけないでおくほうが無難です。

また、信号で停止するたびに必ずアイドリングストップを行わなければならないというわけでもありません。時として、それは逆効果になってしまうこともあります。

クルマのエンジンの多くは、始動する際に少しですが燃料を多く噴射します。信号の間隔が短く、ほとんどエンジンを止めていられなかったのに、始動時に余計な燃料を吹いてしまうと、トータルで見てかえって燃費に悪影響を及ぼしてしまうこともあるのです。

またエンジンを止めたと思ったら、すぐにまた再始動というのも、先に記したような発進までの手順のミスを誘発することがあり得ます。ここの信号は周期が短いとわかっている時などは、無理にアイドリングストップしないほうがいいかもしれません。

逆に毎日の通勤路などで、ここは信号待ちが長いと知っているところでは、しっかりアイドリングストップして燃費を稼ぐ。たとえ、それが1日1回1分間だったとしても、1年250

日通勤していたとしたら250分＝4時間10分です。その効果、馬鹿にしたものではないと思いませんか？

●毎日1度でも効果は絶大

このアイドリングストップ、効果は確実に出ますが、その一方でクルマに対してあまり良くないのではないかと心配する向きもあるかと思います。バッテリーが上がってしまうのではないか、あるいはセルモーターが弱ってしまうのではないか、と。

バッテリーに関しては、あまりにアイドリングストップを多用した場合、その可能性がないとは言えません。特にオーディオ、空調などをフルに使っていると、それなりにバッテリーへの負担は増えます。ワイパー、ヘッドランプなども併用している時にはなおのこと。

そんな時にはオーディオや空調のスイッチを切るのも手でしょう。それが難しい状況なら、無理にアイドリングストップを実行することはお勧めしません。バッテリー上がりを起こして救援のクルマを呼ばなければならないとなったら、ちっともエコではありませんからね！

セルモーターについても、もちろんアイドリングストップをまったくしないのと頻繁にするのでは、寿命に差が出るかもしれませんが、それはあくまで使い方次第。いずれにせよ何万回、何十万回という始動テストを受けたものがクルマには搭載されているわけですから、アイドリングストップのせいで何度も交換するはめになる、なんてことはおそらくないでしょう。

もしも不安ならば、先に書いたように毎日の通勤で1度ずつにしておく、というのもいいと思います。それでも積み重なれば効果は絶大なのですから。

●超上級者向けテクニックとは？

ここまで記してきたテクニックをすべて駆使すれば、アナタの燃費はおそらく大幅に向上していることでしょう。2割アップ、いや3割アップだってあり得なくはありません。ですが、それでも万が一、まだ物足りないということであれば、仕方がない。最後にもうひとつ、テクニックを紹介しておきましょう。

ただし、あらかじめ言っておきますが、このテクニックは完全に上級者向きです。運転に慣れていない人にお勧めしないのはもちろん、それなりに経験を積んできた、自分は運転に自信があるという人でも、十分に気をつけて実行していただきたいと思います。

紹介するのは、ニュートラルを活用するというテクニックです。ニュートラルというのはMT車であれば、シフトレバーが中立の状態。AT車など2ペダルのクルマの場合は、セレクターゲートで「N」を選択した状態のことを指します。

ここではトランスミッションはどのギアにも入っていないため、エンジンとタイヤは切り離された状態となります。それを燃費改善に利用するのです。

●ニュートラル、Nレンジを使う

方法は文章にすれば簡単です。使うのは減速する時。前方の信号が青に変わるなどして右足をアクセルペダルから離してブレーキペダルに乗せ替えたところで、ギアをニュートラルもしくはNレンジに入れるのです。

そうすると、さてどうなるか。ギアを入れたままでブレーキングした場合には、たとえばその時点でエンジン回転数が3000rpmだった場合、そこから回転数はなだらかに下がっていきます。

ただし、この減速している状態では実践編で記したようにエンジンは燃料を噴射していないので、燃費を稼ぐことが可能です。ところがあるところまで回転数が下がると、マネージメントシステムは簡単にエンストしてしまわないよう、再度自動的に燃料を噴射しはじめます。

燃料の再噴射が始まる回転数はクルマによって、あるいはエンジンによって、さらにはエアコンなどの使用状況等々によって変わってきます。たとえばそれが1500rpm、そしてアイドリング回転数が800rpmだった場合、そのタイミングに合わせてニュートラルもしくはNレンジに入れることができれば、エンジン回転数はアイドリング状態まで下がります。それからクルマが停止するまでの短い時間ながら、燃料消費をセーブすることができるのです。

●Nレンジ活用は安全に留意して

注意しなければならないのは、まず当然ながらニュートラルまたはNレンジではエンジンブレーキが効かないということです。つまり普段より強めにブレーキをかける必要があります。それを逆に活用して、できるだけ手前から減速しはじめて、徐々に速度を下げていくという手段を使うことも可能です。エンジンブレーキが効かない分、フットブレーキを使わなければクルマは慣性によって長い時間、空走しますので、早くからアクセルをオフにできるのです。

そうは言っても、ニュートラルもしくはNレンジでの走行は、クルマの挙動を不安定にさせます。特にスピードが乗っている時、また強風の時などはその傾向が顕著です。また、ブレーキング中に片手を離してギア操作をしているうち、そちらに気を取られて肝心なクルマを止めることのほうがおろそかになるということも、非常によく起こりがちと言えます。

そう考えると、クルマの運転に慣れているというだけでなく、そういう状況でも確実な操作ができ、クルマを不安定にさせることはないという人でない限りは、敢えてお勧めはできません。もし自分はこれも採り入れるという場合でも、くれぐれもいつも以上に安全に気を配って実行してください。

ちなみにヨーロッパの自動車メーカーが現地で開催しているエコドライブトレーニングでは、ほとんどにこのニュートラルを積極的に活用するテクニックが取り入れられています。彼の地ではまだＭＴ車が主体だからということもありますが、加速していって速度が乗ったらすぐにニュートラルにして可能な限り惰性で進む、減速時はすぐニュートラルに入れるというのを徹底して教えているのです。

都市部であっても、日本の大都市のような交通環境とは違うからこそできる教え方ではありますが、うまく活用すれば燃費に大きく貢献することは間違いないのですから。

ガソリンダイエット
実践レポート

燃費が19.76%向上した！

フォルクスワーゲンエコドライブトレーニングのメソッドを使って走行してみたところ、通常の運転に比べて大幅に燃費が向上しました。その驚きの結果をご紹介します。

ここまで記してきた運転法のほとんどは『フォルクスワーゲン・エクスペリエンス・エコドライブトレーニング』にて実際に教えられているものです。このトレーニング、参加者の燃費向上は著しく、20%どころか30%以上アップという驚異的な例もあ

フォルクスワーゲン エコドライブ トレーニングで使われる、ゴルフ GT TSI。トランスミッションは DSG である。

るほど。けれど、本当にそんなに効果があるのか半信半疑の方も多いはずです。というわけで、ここでは実際にこのメソッドを試してみました。

　用意したのは、実際にトレーニングで使っているゴルフGT TSI。トランスミッションは2ペダルMTの代表格であるDSGです。

　さらに、この車両には「モダンドライブ」と呼ばれる計測器を搭載。走行距離や時間、瞬間燃費に通算燃費、さらにはアクセル開度など、あらゆる走行データを記録できるようになっています。

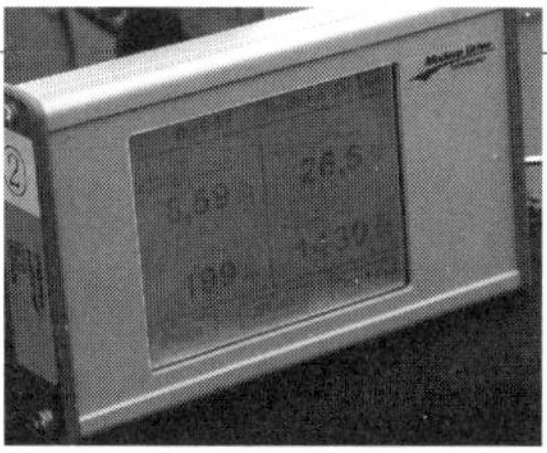

エコドライブ計測器“モダンドライブ”のモニターに、瞬間燃費やCO_2排出量、エンジン回転数、シフト回数などが表示される。このデータはメモリーに記録され、後でグラフ化して検証することができる。

　ステアリングを握るのは編集者のM君。まずは普段通りの運転で設定した全長約4・5kmのコースを1周してもらいます。お願いするのは安全運転に留意すること、速度違反をしないことくらいです。

　もちろん、この時からモダンドライブはスイッチをオンに。普段通りの運転での走行データを記録します。燃費は10・86km/ℓ。悪くないですね。

　続いてはエコドライブでもう1周。今度はDSGをマニュアルモードにして、変速は自分の手で行ないます。発進はテキパキと。リズムよくシフトアップを繰り返しながら加速し、前方の信号が赤になりそうとみるやアクセルオフ。信号ではしっかりアイ

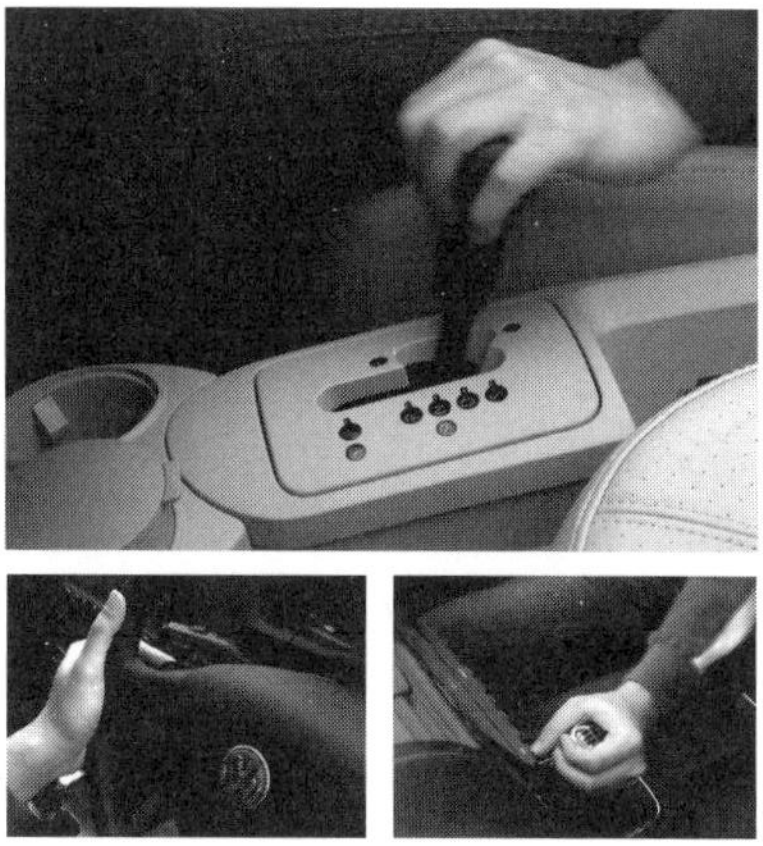

MT、AT、2ペダルMTとトランスミッションの種類が違っても、操作方法は基本的に同じ。マニュアルモードを駆使して、どんどんシフトアップしていく。

ドリングストップを行います。

　そうして1周終わると、M君は疲れた様子。

「普段こんなにいろいろ気を遣って、あれこれ操作して運転していなかったんで……」

　そう、ガソリンダイエットは頭も身体も使います。けれど、その甲斐はしっかりありました。エコドライブを徹底した2回目の燃費は13・53㎞／ℓ！　1回目に較べて何と19・76％も向上したのです。

　しかもデータを見ると、所用時間も短くなっています。信号で停止していた時間などの関係もあるので一概には言えませんが、少なくとも燃費向上がゆっくり走った結果ではないことは明らかです。

アクセルペダルは一度踏み込んでから緩める動作を繊細に行う。右足の親指を使って、力をコントロールする。

スピードメーターは50km/ｈほどを示しているが、すでにギアは6速に入っている。

「こんなに短い距離でも、これだけ大きな差が出るなんて驚きました」

　実践してくれたM君自身も、この結果にはビックリの様子。皆さんもぜひ、お試しあれ。その効果に、アナタもきっとビックリするに違いありません。

	1. Trip	2. Trip	Difference	
Start time	07.12.2007 15:16:05	07.12.2007 15:53:12		
Driving time	0:10:28 h	0:08:09 h	-0:02:19 h	-22.16 %
Distance	4.54 km	4.53 km		
Ø RPM	1420 1/min	1372 1/min	-48 1/min	-3.38 %
Ø Speed	26.00 km/h	33.40 km/h	7.40 km/h	28.46 %
Ø Fuel	9.21 l/100km	7.39 l/100km	-1.82 l/100km	-19.76 %
absolute Fuel	0.42 l	0.34 l	-0.08 l	-19.05 %
CO_2-Emission	0.970 kg	0.777 kg	-0.193 kg	-19.90 %
Gear changings	101	66	-35	-34.65 %

モダンドライブに記録された燃費データは、後でパソコンに取り込んで出力することができる。これを見ると、燃費が19.76%向上しているにもかかわらず、所要時間は10分28秒から8分9秒に短縮されていることがわかる。燃費はヨーロッパ方式で100km走行に要するガソリンの量が表示されているが、日本方式に直すと、1回目が10.86km/ℓ、2回目が13.53km/ℓである。

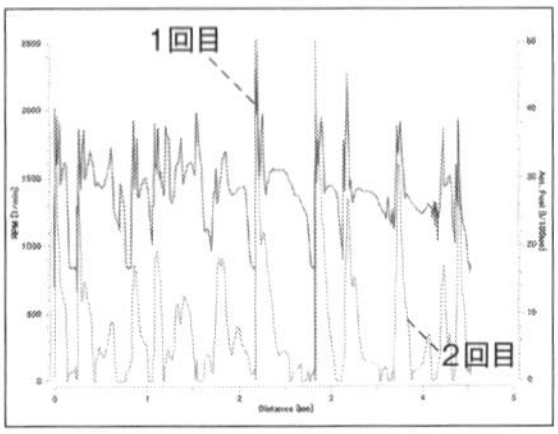

1回目と2回目の走行のエンジン回転数を示すグラフ。2回目のほうが全体的に回転数が低く、さらにアイドリングストップをしていることがわかる。このほか、経過時間と走行距離の関係、燃料消費量などもグラフ化することができる。

第 **5** 章

なぜエコドライブが必要なのか？

環境問題、エネルギー問題の基礎知識

●エコロジーは正しく認知されていない

今、世間ではクルマに対して逆風が吹き荒れています。国内販売の低下、減らない交通事故等々、挙げていけばキリがないほどですが、序章で触れたように、とりわけ今騒がれているのが燃料代の高騰、そしてエコの問題です。

ここで言うエコとは、エコロジーとエコノミー、両方のことを指しています。エコノミーも私たちの生活に直接響く、とても重要な問題なのですが、ここでは、やはり同じように大事であり、そして問題であることは理解されていても、実はその本質が正しく認知されていないエコロジーの問題について、簡単に整理していきたいと思います。

●環境問題とエネルギー問題

一言にエコロジーと言っても、クルマに関してそれを語る上ではさまざまな要素が関係してきます。ですが簡潔に言ってしまえば、今クルマの周囲を取り巻いているエコロジーの問題とは、環境問題とエネルギー問題のふたつです。

まず環境問題。クルマからの排ガスに起因すると言われる大気汚染が進行した1960年代以降、クルマにとって環境負荷をいかに小さなものとするかは、常に最大の問題であり続けてきました。

とりわけ、1970年にアメリカ合衆国にて大気浄化法改正案第2章、通称マスキー法が施行されて以来、今に至るまで自動車は、より快適に、より速くという軸と同時に、より安全で、そしてよりクリーンであるという軸が並行して、進化の歴史を辿ってきたと言えます。

しかしながら、それから30年以上の年月が経過した今日、そろそろこの問題は、つまりはクルマの排ガスによる人間の健康への悪影響という問題は、解決の目処が立ってきたと言ってもいいでしょう。

実はそのマスキー法自体は、自動車メーカーからの激しい反発などによって、実施期限を待たずに1974年に廃案となってしまいます。それでも、アメリカはもちろん日本でも、そして遅れてヨーロッパでも厳しい排ガス規制が施行されるようになり、排ガス中の一酸化炭素（CO）、炭化水素（HC）、窒素酸化物（NOx）の量が規制されるようになりました。

その数値は常に厳しく、いつの時代も常に実現は難しいとされてきました。しかし技術の進歩は不可能を可能にし、クルマの排ガスは今や昔とは較べ物にならないくらいクリーンになっています。ディーゼル車の排ガスに含まれる粒子状物質（PM）についても同様です。

●厳しくなる排ガス規制

そして、アメリカ、日本、ヨーロッパの三極で、この30年余にわたる排ガス浄化の極めつけとなる規制が、相次いで施行されることとなります。アメリカで2009年度から施行される〝Tier2 bin5〟と呼ばれる連邦規制は、ガソリン車もディーゼル車もまったく区別することなく同じ数値を求めるものです。

日本がやはり2009年から導入を予定している〝ポスト新長期〟排ガス規制も、それとほぼ同等の、世界でもっとも厳しいと言われる規制値を掲げています。ヨーロッパもユーロ1から続いてきた排ガス規制が、いよいよユーロ5へと発展。2015年を目処に、さらに厳しい規制であるユーロ6まで到達する予定です。

これらの規制は小さな差こそあれ、いずれもクルマにとってはほぼ限界値と言っていい厳しいものです。何しろその数値は、場合によっては地表を漂う大気よりもクリーンと言えるほどなのですから。街中の空気よりも、テールパイプからの排ガスの方がきれいだなんて!

それ以上、厳しい規制を行おうにも、今の計測器ではそれ以上細かな精度では測れない。今の排ガス規制値は、もはやそのぐらいのところまで来ているのです。それは、特に都市部で暮らしている人にとっては、リアルに感じられることではないでしょうか。一時期は頻発した光化学スモッグも、もうほとんど出ることはありません。洗濯物を外に干しておくと真っ黒になるといったことも、本当に少なくなりました。

今後は、自動車後進国であり、そして今や急速な経済発展を遂げている中国やインド、その他の国々でも同じだけのクリーンな排ガスレベルを保てるかどうかが焦点となるでしょう。それができなければ、クルマに起因する地球環境汚染の問題が再びクローズアップされることにもなりかねません。

●CO_2がにわかに深刻な問題に

しかしながら、クリーン化がようやく達成されそうな今になって、クルマの排ガスに起因する、これまで見過ごされてきた大きな問題が顕在化してきました。二酸化炭素（CO_2）が、今度の主役です。

CO_2が、これまで問題とされてきた排ガスのクリーン性の問題と決定的に異なっているのは、それ自体は人間の健康にとって直接的には何ら有害ではないということです。ですからほんの数年前までは、もちろん経済性等の観点からは燃費の低減という問題は語られてきたものの、環境問題とCO_2はほとんど切り離されて論じられていました。

ところが、そのCO_2が地球にとっては、その環境にとっては、どうやらとんでもない悪影響を及ぼすらしいということが明らかになってきました。言うまでもなく、それは地球温暖化の問題です。

地球温暖化の原因には諸説あり、どれも100％正しいとは言い切れないのが現状です。しかし、CO_2をはじめとする温室効果ガスがその犯人だというのが、現在のところもっとも可能性の高い解釈とされています。それを前提に、これまでの排ガス問題は、人体に悪影響のある成分を取り除くことだったのが、今ではそれに加えて地球環境にダメージを与えるものを排除するという要素が加わってきているわけです。

しかし、それは簡単なことではありません。COやHC、NO_xにPMは、言ってみれば燃焼の過程で生じる不純物であり副産物。理論的には完全燃焼に近づくほどに排出量が少なくなっていくものです。しかしCO_2は、燃焼という化学反応には絶対に付き物。よって、できるのはエンジン燃焼などクルマ全体の効率を高めて、そしてそれを操るドライバーがエコドライブを徹底して、その排出量を少しずつでも削減していくことだけなのです。

●エネルギーは多様化の時代へ

CO_2を減らす、つまりクルマの燃料消費を抑えるのは、地球温暖化の進行を防ぐためだけではありません。もう一点、同じくらい深刻な問題となりはじめているのがエネルギー問題。化石燃料が、いよいよ枯渇へ向けたカウントダウンを始めつつあるという現実です。

もちろん、石油資源に限りがあるという話は今に始まったものではなく、それこそ何十年も前から言われてきたことです。ですが「あと30年」とされた30年後にも「あと30年」と言われるような状況が続くうちに、いつしか危機感が薄れてしまっていた感は否定できません。実際これまでは採掘技術が進んで、従来は掘り出せなかったところにある石油が採掘可能になり、Xデーが延び延びになっていたのですが、しかしそろそろ、それも限界が見えてきたようです。

石油埋蔵量、そして採掘可能量については諸説あり、石油メジャーのトップの発言でも、あと数十年という単位で先が見えてきたというものから今のペースでも100年以上もつというものまでさまざまです。しかし、どちらの説を採るにしろ、石油を永遠に今と同じペースで使うことができると考えるのは楽観的過ぎるというものでしょう。

実際、中国やインドなどの急速な経済発展によって、石油の消費量は爆発的に増加しているのが現状です。さらにこれからは、ブラジルもロシアも同じように……と考えたら、大丈夫だなんて思えないはずです。

今後、地球全体ではエネルギーの石油依存からの脱却がますます求められることになるでしょう。つまりエネルギーの多様化です。これも化石燃料ですが天然ガス、さらにはバイオマス、ソーラーといったエネルギーの活用、そして究極としては水素による発電などが今後はさらに推進されていくでしょう。もちろん、クルマの動力源としても、これらが使われていくことになると考えられており、実際に開発が進められているのが現在の状況です。

●水素時代は本当に来るのか

化石燃料に代わって、将来のエネルギーとして大いに期待されているのが水素です。ガソリンの代わりに水素を燃焼させる水素エンジンもありますが、水素から電気をつくり出し、それを動力とする燃料電池が、その究極のかたちとされています。

燃料電池がクルマの動力源として現実味をもって期待されはじめたのは、1990年代初頭のこと。1994年にはメルセデス・ベンツがコンセプトカー「NECAR1」を発表し、その頃には、21世紀になる前には燃料電池自動車が世に出始めているものと考えられていました。メルセデス・ベンツがAクラスのフロアを二重構造にしたのは、その下の部分にバッテリーを積み込んだ燃料電池仕様を念頭に置いていたからだというのは、よく知られている話。そのぐらい、近い未来の話だと考えられていたのです。

しかし残念ながら、燃料電池自動車は2008年になっても、世の中をほとんど走っていません。そして一般への市販には、まだまだ時間がかかると認識されています。EUの予測では、2030年の自動車用エネルギー源のうち燃料電池が占める割合は、かつての5〜10%から訂正され、今では〝a few〟となっています。つまりは、ごくわずかだろうということです。そう、2030年になっても！

燃料電池自動車が一般的に使われるようになるためには、燃料電池もクルマもまだまだ進化が必要です。燃料電池自体は低温始動性など性能面の問題をまだ抱えており、また現在のままでは貴金属を大量に使わなければならないというのも大きなネックとなっています。燃料である水素の貯蔵性、安全性もまだまだ解決には至っていません。

さらに、あるいはもっとも重大な要素として社会インフラの問題があります。すぐに今のガソリンと同じレベルでとは言わないまでも、全国どこへ行っても水素スタンドがある状況にならなければ、普及には繋がりません。もはや、この辺りは自動車メーカーや燃料メーカーだけで何とかできるものではなく、国家のエネルギー政策の問題だと言うことができるでしょう。

●実はハイブリッド車のほうが高効率？

しかし何より解決しなければならないのは、実はエネルギー効率です。燃料電池は水素から電気をつくり出すため化石燃料に頼らないで済むと思ったら大間違い。実際には、電気をつくり出すための水素を、何かからつくり出さなければならないのです。そして現在、その主流は天然ガスとなっています。

トヨタの調査によれば、燃料効率、つまりエネルギー源から燃料タンクあるいはバッテリーまでの効率は、ガソリンエンジンの88％に対して、水素は58％にすぎません。そこから実際にクルマを走らせるまでの車両効率は38％と、ガソリン車の16％、ガソリン・ハイブリッド車の30％より高いのですが、それを掛け合わせた〝well to wheel〟つまり井戸＝油田から原油を掘り出しクルマを走らせるまでの総合効率は現状で22％しかありません。ということは、ガソリン車の14％よりは優れているものの、何とガソリン・ハイブリッド車の26％に負けているのです。

将来的には、その数値を42％まで引き上げることが目標とされていますが、それでも思ったほど高効率とは言えないというのが正直なところではないでしょうか。水素をいかにしてつくり出すかという問題が解決されない限り、水素社会の到来はないと言ってもいいかもしれません。もちろん化石燃料に限りがあり、そして他の代替燃料も化石燃料を完全に補完するものとはなり得ない以上、将来的にはその方向に進まなければならないのは明らかなのですが。

●バイオ燃料に未来はあるか

最近何かと話題のバイオ燃料は、トウモロコシやサトウキビなどをベースとしたバイオエタノールや、菜種からつくり出すバイオディーゼル燃料などのことを指します。内燃機関での使用に適した特性であることが、普及を後押ししています。

また、これに関しては諸説ありますが、とりあえずはカーボンニュートラルであることが、エコロジーの側面からもてはやされています。つまり光合成によってCO_2を吸収して育った植物由来のエネルギーは、そこで吸収されたCO_2を再度排出するだけで、新たなCO_2を発生させるわけではないという理屈です。ガソリンなどに混ぜてすぐに使うことができることから、もっとも身近になりつつある代替燃料と言えます。

実際、ブラジルでは自動車にサトウキビ由来のエタノールを使っていますし、アメリカやヨーロッパ、そしてここ日本でも、やはりバイオエタノールの普及が進められています。いずれもガソリンにバイオエタノールを混合するかたちで、そうした燃料をE○○と称します。○○の部分は混合されたバイオエタノールの割合で、たとえばE10と言えば10%のバイオ燃料を含んでいることを指します。また、バイオエタノールから生成したETBEという添加物を含むガソリンも、広義でのバイオ燃料と呼ぶことができます。

ただし、バイオエタノールは混合比率を上げすぎると性能を悪化させる可能性があり、またアルコールであるが故に腐食を起こすという問題もあります。現在販売されているクルマはE10まではほぼ許容できると一般的に言われており、アメリカでは一部州でE10の販売が義務づけられています。

ブラジルでは燃料にバイオエタノールを20%含まなければならず、また過去に販売された100%バイオエタノールで走行する車両も存在するなど、さまざまな混合比率が混在しており、多様な混合比率に対応するフレックスフューエル車が主流です。

日本では2006年3月に閣議決定された『バイオマス・ニッポン総合戦略』に基づいて、現在走っているクルマに使っても問題ないとされるE3燃料の実証実験が進められているところ。将来的にはE10を視野に入れています。また同時に2007年4月よりETBE7%混入ガソリンに関しても実証実験が始められています。

●本命は次世代のバイオ燃料

このバイオ燃料、目下最大の問題は食糧との競合です。昨今、世界経済そして世界の人々の暮らしに大きな影響を及ぼしている穀物価格の高騰は、それがひとつの原因とも言われています。クルマを走らせるために食糧危機が起こる。そんな信じられない話が現実に起きてしまっています。

しかしバイオ燃料が現在の言わば第1世代から、次の第2世代へと進化することで食糧との競合という問題は解消されるはずです。第1世代がトウモロコシやサトウキビ、菜種などを原料としているのに対して、次世代のバイオ燃料とは藁や木屑、茎や葉などの非可食部を使用したもので、BTL（Biomass To Liquid）と呼ばれます。将来的には生ゴミなども原料として使えるとされています。これらをガス化して合成燃料とするため、排ガスのクリーン化にも繋がります。

まだまだ実用化には時間を要しますが、その開発が進んでいるドイツでは2030年には自動車用燃料の35%をBTLで賄えると予測されています。化石燃料から脱却し、最大90%ものCO_2削減が可能。食糧との競合が起こらず、排ガスもクリーンということで、実用化にこぎつければ、理想的な代替燃料となることは間違いありません。

もうひとつ、代替燃料に関して話をするならば、天然ガスについても触れないわけにはいきません。すでにヨーロッパなどではCNG（圧縮天然ガス）を燃料とするクルマが走り始めていますが、将来的には天然ガスをベースとした化学合成燃料のGTL（Gas To Liquid）が広く使われるようになると期待されています。
これは硫黄分やアロマなどを含まないためクリーンな燃料が可能となるのがメリット。また
ディーゼル用としてはセタン価が高くパワーが出るため、ヨーロッパではシェルのVパワー・
ディーゼルなど、このGTLを含んだ〝プレミアム軽油〟がすでに販売されています。エコな
だけでなく走りにもいいとなれば、やはり気になるところです。

●最近注目の電気自動車は？

燃料電池車の実用化にまだまだしばらく時間がかかるという認識が広まるうちに、にわかに脚光を浴び始めたのが電気自動車です。これまでは、そのエネルギー効率の良さ、そしてクリーン性というイメージでは注目されつつも、主にバッテリーの能力に起因するクルマのパッケージングの難しさ、そして航続距離といった問題から少なくとも本命視はされていませんでした。

ところが、現在のバッテリーの主流であるニッケル水素に較べてコンパクトで容量の大きな自動車向けリチウムイオンバッテリーの実用化の目処がつきはじめたことから、数年のうちにシティコミューターとしては十分に使えるようになると考えられるようになってきたのです。

実際、日本の三菱や日産、そしてアメリカのGMなどいくつかの自動車メーカーは、電気自動

車の近い将来の販売をすでに宣言しています。

電気自動車の、環境に対する最大のメリットはエネルギー効率の高さです。それを導き出すための根拠となる数字にはさまざまな考え方があるので一概には言えないのですが、電気自動車の送電～充電～モーター駆動というプロセスでのエネルギー効率は75%近くにもなると言われています。

また、電気自動車にはエネルギー回生という大きな武器があることも忘れてはなりません。制動時にエネルギーを回収できる電気自動車は、ストップ&ゴーが多く、しかも土地が平坦ではない日本ではメリットを発揮しやすいと言えます。

ただし、ここでも考えなければならないのは、電気はそのまま存在しているわけではなく、1次エネルギーからつくり出さなければならないものだということです。そして原油をベースにした場合、これも試算方法によって左右されるのですが、実はWell to wheelでのエネルギー効率は結果的にはガソリン自動車とほとんど変わらないという説もあります。

言い方を変えれば、電気自動車のメリットが活きるのは、原油をベースにせずに発電できる場合ということになります。天然ガス、あるいは太陽光、そして、その意味に限定すれば一番効率がいいのは原子力です。

●電気自動車は本当にクリーン？

電気自動車は確かにテールパイプからは一切排ガスを出しません。しかしその分、発電所においては1次エネルギーからのエネルギー転換の過程で大量のCO_2が発生していることを忘れてはならないでしょう。

また、仮に「環境にいい電気自動車」のために原子力発電所がたくさん建設され、リチウムイオンバッテリーが大量生産されるようになるとしたら、果たしてそれは本当に環境にいいと言えるでしょうか？　あるいは、これはもっとも避けるべき道とも言えるかもしれません。

もちろんいい面もたくさんありますが、電気自動車こそがすべてを解決するソリューションであるというわけではないことも事実です。現在、日本が最先端を行っているという太陽光発電などのテクノロジーがさらに進化し利用が促進され、さらにバッテリーが今よりもう一段の進化を果たしたならば、電気自動車は次世代のクルマの主軸に据えられるかもしれません。

実際、世界の自動車メーカーの技術者達の共通認識として、中期的には近距離のモビリティは電気自動車、長距離・大量輸送には内燃機関という住み分けがなされていくだろうと考えられているようです。

もちろん、一言に内燃機関と言っても燃料はガソリン、軽油だけではなく、化学合成燃料やバイオ燃料も含みます。そして最終的に行き着くのが、水素燃料電池というわけですが、それにしてもいきなり100％燃料電池になるわけではなく、結局は相当な時間、エネルギー多様化の時代を経験することになるのでしょう。

●ディーラーでCO_2排出量データを表示

地球温暖化を筆頭としたエコロジーの問題が、すでに一刻を争う状況にあることは、最近の世界の気象状況の異常ぶりなどから考えても明らかです。しかし日本では、特にクルマに関する話で言えば、その問題に対する危機感をあまり強く感じることができないというのが正直なところではないでしょうか。日本には確かに世界に誇るハイブリッド車が多数ありますが、それだけでは問題の解決には繋がりません。

ヨーロッパでは、自動車ディーラーに行くと価格などを表示したボードに、今や必ずと言っていいほど、CO_2排出量データが大きく書かれています。もちろん、彼の地の人々はCO_2排出量でクルマを選んでいるほど意識が高いだなんて言うつもりはありません。

しかし、もし価格も装備も似たような2台を目の前にしたならば、CO_2排出量を選択の参考にすることは考えられます。それは、そこに表示がなければ永遠に起こりえないことです。もちろん、そうしてどこに行っても表示してあれば、自然と個人のクルマ選びの指針として、CO_2排出量が入ってくることにも繋がることでしょう。

そろそろ私たちも、このことを強く意識しはじめなければならない。そうは言えないでしょうか。

●当面は燃料消費を減らしていくしかない

燃料消費を減らすことは、もちろんエコロジーだけでなくエコノミーについての話でもあります。暫定税率に関わる政治問題で、2008年の春には一旦、燃料価格が大きく下がりましたが、それはあくまで例外的な事態。化石燃料の枯渇が近づいていると言われ、しかし世界でのその消費量が爆発的に拡大している昨今だけに、燃料の価格が下がるという事態は、もはや期待することはできません。

しかも、燃料代の高騰は、そうした要素だけでなく政治あるいは世界の経済の流れなどさまざまな要因がもたらしているものでもあります。

地球温暖化の原因はCO_2ではなく、石油はまだまだ掘れば出てくるから心配は要らない。

そんな超楽観主義的立ち位置を選ぶことも、もちろん可能ではあります。しかしアナタがどのように考えようと、原油価格が上がり続けていて、これからますます、お金を気にせず好き勝手に使うということが許されなくなっていくのは間違いないのです。

ここまで記してきたように、石油からの脱却を可能にする技術についても、目下世界中のあらゆる自動車メーカーが、それこそ血眼になって開発を進めています。しかしながら、そうした技術が今すぐに実用化されるわけではありません。少なくとも当面は、エネルギーの多様化という流れをつくり出し、また対応していく一方で、あくまで主役としては今後も石油資源を使い続けなければならないのです。

そういう意味でも、ガソリンのダイエット、要するにクルマの燃料消費を減らしていくことは、マストなことだと言うことができるでしょう。もちろん、将来にわたってクルマを長く楽しんでいくためにも……。

第6章

「スマートドライブ」を始めよう

優しい運転がエコにつながる

●燃費と引き換えに安全を脅かす？

世間で推奨されているような〝エコドライブ〟が、必ずしも本当の意味でエコに繋がるわけではないというのは、これまで何度も触れてきた通りです。そうした運転は、自分にとってはエコだったとしても、その周辺の交通全体で見た場合には、往々にして逆に燃料消費を増やすことにも繋がりかねないからです。

そうした行き過ぎた〝エゴドライブ〟は、エコのためにならないばかりか、安全をも脅かします。たとえば、できるだけアクセルペダルの開閉を控えて、速度を一定にして走るというのもそう。前後に他のクルマがなく、誰にも迷惑をかけることなくできるならば間違いなくそうすべきなのですが、日本の交通環境では、なかなかそれを徹底しきれないのも事実です。

それでも、もし定速走行を強行しようとしたならば、周囲のペースが遅い場合は、前のクルマにぐんぐん追いついて威嚇するかたちとなるかもしれません。逆にペースが速い時には、前がどんどん離れて、逆に後ろにクルマがつっかえて、流れを悪くしてしまうでしょう。

合流の際もそうです。幹線道路と取付道路、あるいは高速道路の本線と導入路が合流する状況などにおいて、自分が速度を落としたくないばかりに合流してくるクルマにブレーキングと再加速をさせれば、アナタの燃費を引き換えに、合流しようとしたクルマの燃費を確実に悪化させます。さらに、これは全体の燃費に悪影響を与えるというだけでなく、安全を脅かすことにすらなりかねません。それは言語道断です。

コーナーで必要なだけの減速をしないのも、あるいは歩行者や自転車の多いところで速度を落とさないのも、問題なのは言うまでもありません。事故や人を危険に陥れるリスクを冒してまでコンマ数リットルにも満たない燃料をセーブできたとして、アナタは満足ですか？

●事故を起こせばエコではない

くれぐれも留意しておいていただきたいのは、もっとも優先するべきは安全だということです。事故は絶対避けなければいけません。当たり前の話ですが、燃費を追求するあまり事故を起こしたとしたら、当然それはエコにはならないのです。

エンジン回転数を低く保つために、視線を回転計に釘付けにするあまり周囲を見ず、変速に気をとられるあまりステアリングを片手で握り、結果として前のクルマに衝突したのでは意味がありません。合流してくるクルマのために減速して、再度加速するのがいやだからといって譲らず、結局ぶつかってしまうというのも、もってのほかです。

もし事故を起こせば、クルマは壊れ、ガードレールや相手のクルマ等々も壊し、パトカーや救急車、あるいは消防車などを出動させることになり、後続車はつっかえて渋滞が起きます。反対車線には見物渋滞だって起こるでしょう。その悪影響は相当なものと言えます。そして、もちろん言うまでもなく相手や自分の生命や健康を脅かします。これはちっぽけな自分だけのエコ、本物ではないエコのために、犠牲にしていいものではありません。

一度の事故で、それまでやってきたエコドライブは、すべて台無しになる。ステアリングを握る時には、そのぐらいの気持ちで臨みましょう。まず何より重視するべきは安全を守ること。エコドライブは、その範囲の中で追求していかなければ何の意味もないのです。

●燃費性能というポテンシャル

エコドライブにとって今のクルマはそもそも燃費性能が非常に高くなっています。それはハイブリッド車など一部のモデルだけに言えることではなく、ありとあらゆるクルマについて言えること。300km/hの世界をうかがえるようなスーパースポーツカー、フェラーリやポルシェ、あるいはGT-Rのようなクルマでも、まったく同じことが当てはまるのです。

ですから現在のクルマは、普通に走らせているだけでも、昔のクルマに較べて燃料消費をはるかに少なく抑えることができると言っていいでしょう。もちろん環境に対する負荷についても同じこと。排ガスはクリーンさを増していて、クルマによってはテールパイプから出る排ガスの方が、都市部の汚れた空気よりも実はクリーンだということだって本当にあり得る話となっています。

ただ、これだけ書くと、こんな誤解を生んでしまうかもしれません。

「だったら別にエコドライブなんてしなくていいじゃない。面倒だし」

もし本当にそうだったとしたら、そもそもこんな本などはじめから不要です。そう、実際にはやはりエコドライブへの心がけは確実な効果を生み出すのです。先に〝普通に走らせているだけで〟と書きましたが、その〝普通〟を、いかに普通にできるようになるか。それだけで燃費は大きく変わります。ここで言うエコドライブとは、そうした普通を極めることだとも言えるでしょう。

では〝普通〟の運転とは何かといえば、それはクルマを漫然と走らせることではなく、クルマの持つポテンシャルを引き出して走らせるということにほかなりません。

もちろん、それはエンジンをレブリミットぎりぎりまで回して……というものとはまったく正反対の話です。そうではなく、クルマが本来持っている燃費性能のほうを全部使い切る。そういう意味での、ポテンシャルを引き出すという話です。

●正しい姿勢が燃費を向上させる

そのためには、まずは基本中の基本、正しいドライビングポジションをとりましょう。よく言われるように、シートの座面の奥にしっかりとお尻を押し込んで座り、ブレーキペダルを奥まで踏み切った時に膝が伸び切ることなく、またステアリングホイールの上側を握っても肘が軽く曲がり、肩がシートバックから離れないポジションが理想です。ステアリングホイールには直進時には9時15分の位置で、強く握らず掌を軽く添えるようにしてし、ブレーキペダルは右足のかかとをフロアにつけて踏むようにします。

正しいドライビングポジションは、まず何より運転操作をしやすくします。これからクルマの能力を余すことなく引き出して走ろうというのに、人間のほうが繊細な操作をできる姿勢になっていないのでは話になりません。

特にここ最近は、AT車の普及率の高さもあって、ステアリングホイールから大きく離れたところに、しかもシートの背もたれを大きく倒して座り、片手を真っ直ぐ伸ばしてステアリングホイールの端に手をかけるように乗っている人が多くなっています。これで周囲の状況に気を配りながら、ちらちらと回転計にも視線を送り、エンジン音を聞きながらアクセルの微妙な操作を行うなんて、絶対に不可能です。

正しいドライビングポジションは、自然に運転操作を丁寧にします。そして、丁寧な運転操作は、それだけでも燃費向上に繋がるはずです。姿勢を良くするだけで燃費が良くなるなら安いものだとは思いませんか？　もちろん、それが安全に繋がることは言うまでもありません。

●丁寧な運転が無駄を抑える

丁寧な運転は、ステアリングをスパッと切ったり、アクセルをガバッと踏み込んだりという無駄を抑えることにもなります。そして、その時々のクルマの状況を知るのにも効果的です。

たとえば加速したい時、何のためらいもなくアクセルを全開にしたとしても、そのうちエンジンがフルパワーを出して、強力な加速を得ることができるでしょう。ですが、ここで窓の外の景色の流れ方やエンジン音の変化、回転計の針の上がり方などに気を配っていれば、おそらくアクセルの踏み方は違ってくるに違いありません。

アクセルをガバッと一気に踏み込んでも、エンジン回転数がトルクバンドに入っていなければ、すぐには有効な加速を得ることもできません。つまり、加速をはじめるまでの待ち時間は全開にしている分だけ余計な燃料を吹いてしまっている可能性が高いと言えます。

そのことが五感を通じてよく伝わってくるので、きっと、アクセルの踏み方はより優しくなるはず。回転の上昇に合わせて踏み込みを多くしていき、そしてトルクバンドに入って加速が始まったら、今度は右足を戻して不必要な加速をしないようにする。そんな運転が、自然にできてくるはずなのです。

〝普通〟を徹底してポテンシャルを引き出す

ステアリングに関しても同じこと。コーナーに向かって適当に切り込んで、曲がり過ぎたと思ったら戻して……とやっていると、クルマにとっては当然、無駄となります。厳密に言えばタイヤも減るはずですし、タイヤの抵抗が増えて燃費にも悪影響を及ぼします。

ここでステアリングから手のひらに伝わる反力を感じながら運転していれば、コーナーの曲率に合わせて、自然と無意識のうちに、必要なだけステアリングを切り込むことができるはずです。そうすればタイヤは減らないし、燃費にだってわずかとは言え効いてきます。1回ではわずかでも、そうしたことの積み重ねが、何年か、あるいは何万kmか乗り続けたあとには、大きく影響してくるのです。

クルマのポテンシャルを引き出す運転とは、まさにこうした〝普通〟を徹底する運転と言っていいでしょう。ここまでに紹介したさまざまなテクニックも、最初は面倒だったり違和感を覚えたりするかもしれませんが、丁寧な運転を心がけていれば、ある程度は自然にできてくる。そんなものであると思います。

こうした丁寧な運転を心がけていると、その日のクルマの調子にも敏感になります。たとえば「今日はステアリングがちょっと重いな」ということに気付きやすくなり、そうなると、もしかして空気が減っているのかもしれないということに思いが至るようになります。

荷物を多く積んだ時、あるいは普段はあまり人を乗せない後席にまで誰かを乗せた場合などには、加速が緩慢になりブレーキの効きが悪くなるといったことも、ハッキリ体感できるに違いありません。

きっと、そうなれば運転、あるいは日常の点検・整備に対して、今まで以上に気を使うようになるでしょう。そして、その相乗効果で、燃費はどんどん良くなっていくはずです。

●走り出す前にできること

もちろん、体感してみて気付いてからではなく、まずは実際にいろいろ試してみることから始めて、運転あるいは日常の点検・整備が、燃費にどれだけの影響を及ぼすのか知ってみると

ます。

ここでは特に、日常の点検・整備について、走り出す前にやっておくべきことを挙げておきます。

クルマのトランクに荷物を積みっぱなしにしている人は多いと思います。洗車用のバケツにスポンジくらいならばそれほどの重さにはなりませんが、世のお父さん方にきっと多いに違いない、ゴルフバッグを積んだままという状態は、燃費に重大な悪影響を及ぼすこと必至です。

財団法人省エネルギーセンターの示しているデータによれば、重量が10kg増えると燃費は0・31％悪化するといいます。排気量2000ccのAT車で、年間1万km、そのうち高速道路を1000km走行した場合で、年間2・5ℓが無駄になる計算です。

たったそれだけ？　と思われるかもしれませんが、重量が嵩めば加速が悪くなり、アクセルを踏み込む量も自然と増えることになるでしょう。ブレーキも早めに、強く踏まなければなりません。タイヤの減りも早くなるはずです。それらは燃費に良くないのはもちろん、クルマを傷めることにも繋がりますし、運転の気持ちよさを阻害するなど、何もいいことはないのです。

日本の住宅が、狭くて物を置く場所に余裕はないのは事実ですが、これだけのことで何の努力も要らずに燃費向上ができるのですから、やらない手はないでしょう。

同様に、ルーフキャリアなども使わない時には極力外しておきましょう。これは重量がかさむだけでなく、空気抵抗を悪化させるため、やはり燃費を著しく悪化させる恐れがあります。

●タイヤ空気圧は高めに

異常がない場合、タイヤの空気圧はいきなり減るのではなく徐々に徐々に下がっていくため、毎日乗っていると特に下がったことに気付きにくいものです。ですが、タイヤ空気圧は、何もしていなくても自然に下がっていきます。そして、その低下はすぐに燃費に響いてきます。少なくとも月に1度はチェックして補充しておくという習慣をつけたいものです。

これも財団法人省エネルギーセンターの調べでは、空気圧が0・5kg/cm³減ったタイヤでは、燃費がリッター当たり0・3km悪化するそうです。リッター当たり10・0km走るクルマで年間1万km走るとした場合、指定空気圧が守られていれば1年間に使うガソリンは1000ℓですが、空気圧が低下していた場合、1030ℓ必要となります。レギュラーでリッター当たり170円を上回っているガソリン価格高騰が続くと考えると、年間5000円以上も、余計な出費が必要となるわけです。

タイヤの指定空気圧は、開けたドアの側面や給油口の蓋の裏など、クルマのどこかに必ず記されています。基本的には、それに合わせておけば間違いありません。ただし、空気圧の計測は必ず冷間時に。ひとしきり走った後では内圧が上がってしまい、そこで指定数値に合わせてしまうと、タイヤが冷えた時には空気圧が指定数値を下回ってしまうのです。

空気圧を合わせるならば、タイヤの冷えた状態で。自分では計測や充填の道具がなく、近くのガソリンスタンドなどで調整しなければならないという場合は、1~2割多めに入れておくといいでしょう。

そして、そうでない場合もお勧めは、空気圧を指定の数値より高めにしておくことです。空気圧の指定値の表示にカッコ書きの高速走行用あるいはフル乗車時の指定空気圧があれば、そちらに合わせてしまうのです。

なぜかと言えば、まずタイヤの空気圧は自然に低下してしまうから。低い分には燃費や操縦安定性などに問題を生じますが、高ければ燃費は良くなりますし、操縦安定性にも影響はありません。もちろん限度はあります。ですが、高速走行用なりフル乗車時用としてメーカーが指定している数字であれば、まったく問題はないと考えて構いません。

空気圧の自然低下の少ない窒素ガスを充填するという手もあります。若干高価にはなりますが、安全とエコの対価と考えれば、決して高過ぎるというものでもないでしょう。

いずれにせよ、できればクルマの中にタイヤの残り溝と空気圧が測れるデプス&エアゲージを1本積んでおくのがベターです。これはカー用品店に行けば、数百円で買うことができます。

●省燃費タイヤを選ぶ

タイヤの燃費に対する影響は侮れないものがあります。日頃から空気圧の管理をしっかり行うことが、燃費向上に大きな効果を発揮するのは先に述べた通りですが、さらにお勧めは、交換時期が来た際にエコを重視したタイヤに履き替えるということです。

最近のタイヤは、どれもエコ性能を非常に重視しています。タイヤの転がり抵抗を減らせば、それは即、燃費向上に繋がるからです。ですが、比較すれば当然スポーツタイヤとラグジュアリータイヤでは、スポーツタイヤのほうがグリップ力が高い分、転がり抵抗は大きくなります。履き替えの際のタイヤ選択に迷った時には、こうしたおとなしいほうの銘柄を選んでおくといいでしょう。もしスポーツタイヤのほうがセールで安かったとしても、トータルではその差、逆転できるかもしれません。

ただし、本格的なスポーツモデルについては、その性能をしっかり発揮させるためにも、やはりそれなりのタイヤを履くべきでしょう。まず何より重視するべきは操縦安定性です。

走らせ方や走るシチュエーションによっては、スポーツモデルにエコタイヤでも、それなりに満足いく走りができるかもしれませんが、基本はやはりクルマの側が想定しているタイヤを装着することです。そうでなければ操縦安定性が極端に悪化する場合も考えられます。

●オイルも省燃費を意識する

最近のクルマはエンジンオイルの交換間隔が長くなっています。これはオイルの清浄性能が上がったこと、そして無駄なオイルを使わないという意味でのエコ性能に留意した結果です。

ですが、もちろん長く使い過ぎたオイルは、劣化して潤滑性能が下がり、燃費を悪化させる可能性があります。特に都市部で使われているクルマは、メーカーが指定した距離まで到達する前に、劣化してしまっている場合も多いようです。そうなったら、もちろん交換。その際には、省燃費に配慮したオイルを選びましょう。

とはいえ、どんなクルマ、どんなエンジンにも粘度が低くサラサラのオイルを選べばいいというわけではありません。低燃費・低排出ガスを追求している最近のエンジンでは、純正でも、粘度の相当低いエンジンオイルが指定されています。基本的には、自動車メーカーが指定しているオイルがさまざまな条件を加味した上で、もっともいいバランスとなっているのは間違いありません。

自分であれこれ試してみたいという時には、古いクルマや高出力車、特にターボ車の場合は、あまり柔らかいオイルは避けたほうがいいでしょう。設計の際に想定しただけの油膜をつくることができず、エンジンを傷めてしまう可能性があるからです。

●財布にやさしく、社会にやさしく

余計な荷物を積まず、タイヤ空気圧を適正に調整するなどクルマのコンディションをしっかり整える。正しいドライビングポジションをとり、クルマの声を聞くことを心がけて、そのポテンシャルを引き出すように丁寧に運転する。もちろん安全を確保することには何よりも気を配って、周囲の状況をよく見て、自分が無理しないのはもちろん、周囲にも無理をさせることなく、譲り合いながら運転する。本当のエコドライブを突き詰めると、自ずと運転は、そんなかたちになっていくはずです。

そう、エコドライブを心がけることは、すなわちスマートドライブを実践することとイコールである。そう言い切ってしまっても間違いはないでしょう。

自分のことばかり考えた〝エゴドライブ〟では、そうはいきません。出会い頭での譲り合いを忘れ、合流しようとするクルマを加速してまで阻止する。住宅街の中だろうが子供や老人がいようが構うことなくアクセルを緩めもしない。

仮にそれで自分の燃費が良くなったとしても、満足感など得られるはずがありません。だいいち社会にとって、それは害悪でしかないのです。きっと、そんなエゴドライブでは、たとえ目先の効果があったとしても、長く続けることはできないでしょう。

自分の財布にやさしく、社会全体の環境にも貢献する。それだけでなく皆が安全で、気持ちのいいモビリティライフを送ることができる。皆がエコドライブを行えば、きっと世の中はそんな風になっていくはずです。

エコドライブは自分の財布だけじゃなく社会に対してやさしく、自分や周囲のクルマ、我々の愛するクルマに対してもまた、とてもやさしいものなのです。

終章

「自分内排出権取引」のススメ

クルマ好きだからこそ、エコドライブを

●本当のエコドライブは「極楽」である

いかがでしたか？　ここまで紹介してきた〝本当の〟エコドライブ。きっとアナタの持っていた常識、あるいは先入観は、この本を読んだことで一気に覆ったのではないかと思います。エコドライブはガマンにガマンを重ねる、まるで修行のように苦しいもの。アクセルペダルをそろーっと踏んで、できるだけ速度が出ないように走り、目的地まで時間がかかっても、仕方がないと諦める。

もし、そういうものだとしたら、確かにエコドライブはとても退屈なものでしょう。ですが本来のエコドライブは、決して退屈なものなんかではないのです。これまで世に蔓延していたエコドライブが、退屈で、そしてほとんどの場合、間違ったものだった。それだけの話に過ぎません。

●クルマにとって、自分にとって気持ちいい

ゆっくり走ればエコドライブである。そんな考え方はもう捨ててしまいましょう。ここまで

紹介してきたように、ゆっくり走らなくたって燃費を稼ぐことはできるのです。いや、むしろ速く走って燃費を改善させることこそ、エコドライブの真髄と言ってもいいかもしれません。〝速く〟という言葉に語弊があるとすれば、〝滑らかに〟でもいいでしょう。本当のエコドライブを意識していると、混み入った街中だろうと高速道路だろうと、群れをなす沢山のクルマの中をスムーズに泳いでいる自分に気付くはずです。それはつまり、クルマにとって、そして自分にとって一番気持ちのいいところを、自然に引き出して走っているということなのです。

●その歓びはF1ドライバーと同じ

もちろん、そのためには頭も身体も使います。けれど、それは苦行でしょうか？　いや、そんなことはないはずです。クルマと積極的に関わり、クルマの発する声に耳を傾け、そのポテンシャルをフルに引き出して走らせるのは、実はとっても楽しい行為だとは思いませんか？

きっと本当のエコドライブのあとには「今まで、こんなに集中して運転したことあったかな？」なんて思うはずです。これまでクルマの運転そのものに興味がなかった人も、クルマを思い通りに操る歓びに触れることができる。昔はクルマを楽しんだという人が、あの頃の歓びを思い出す。本当のエコドライブには、そんな効果があるとは言えないでしょうか。

極端な言い方をすれば、本当のエコドライブの楽しさは、F1ドライバーがマシンを操っている時の快感と、同じようなものかもしれません。フェルナンド・アロンソやキミ・ライコネンは、もちろんフェリペ・マッサでもルイス・ハミルトンでもいいんですが、彼らはライバルたちと同じだけの燃料しか使わないにもかかわらず、誰よりも速いタイムを叩き出してみせます。同じ1ℓなら1ℓのガソリンを、誰よりもコンマ1秒速いタイムへと変えているのです。

そのF1だって、闇雲にアクセルを踏みつけているわけではありません。踏んだ分を確実に速さに結びつけられるドライバーこそがトップに君臨することができます。同じだけのガソリンから誰よりも長い距離を走るエコドライブも、クルマのポテンシャルをフルに引き出して、その燃料を誰よりも効率よく使い、アクセルを踏んだ分を確実に走行距離に繋げるという意味では、同じことだと言えないでしょうか。

●通勤も最高のエンターテインメントになる

実際にやってみればわかりますが、エコドライブはハマると本当に夢中になります。瞬間燃費計やトータル燃費計の付いているクルマで、目の前に数字が表示されると、その数字を悪化させたくなくて、ついアレコレ工夫して走ってしまう。ECOランプが付いているクルマならば、それをできるだけ点灯させ続けようと頑張ってしまう。そんな経験のある人は、きっと少なくないはずです。

もちろん、そうした機能はなくても、エコドライブの成果は給油の時に、きっと表れることでしょう。自分なりにアレコレ工夫したことが、そのまま結果として反映される。こうなるとクルマの運転が俄然楽しくなってきます。

これまでクルマの運転を楽しむと言えば、エンジンを高回転まで回してスピードを出して……という、いわゆるスポーツドライビングだけのものというイメージがありました。でも本当は違うのです。

エコドライブにはエンジンを無闇に回す必要はないし、必要以上のスピードも要りません。通勤路だって家族サービスの最中だって構わないのです。もちろんクルマだってスポーツタイプである必要はありません。ミニバンでも軽トラックでも楽しさの質は一緒です。もちろん周囲の誰にも迷惑をかけることはないし、それどころか社会のためになり、環境に良く、安全にも繋がり、そして最高に楽しむことができるのです。

●「自分内排出権取引」をしよう

そうは言ってもクルマ好きたるもの、時には自分と自分のクルマの持てるすべてを引き出して思い切り走りたいに違いありません。これを書いている自分自身も気持ちは同じです。いいじゃないですか。たまにはエンジンを思い切り回して、タイヤのグリップと相談して華麗なコーナリングを決めましょう！

でも、そのためにはなおさら、普段はエコドライブを心がけたいもの。毎日の通勤や買い物の時には、そうやってCO_2の排出を抑えて、自分にとってのCO_2排出権をプールしておきます。そしてクルマを楽しもうと決めた週末や休日には、思う存分楽しむのです。これは言ってみれば、「自分内排出権取引」をしようという提案です。

今の世の中、クルマを走らせるのが趣味というだけでも肩身が狭いという感は否めず、自分の中でも何となく罪悪感のようなものを覚えがちです。でも、こうして自分内排出権取引をしっかりやっていれば、楽しめる時には思い切り楽しむことができるはずです。そうやってメリハリをつけたほうが、きっと普段のエコドライブにも身が入るに違いありません。

クルマを楽しんでいるというだけで後ろ指さされるような世の中になってしまっては悲しいばかりです。これからもクルマを思い切り楽しんでいけるように、エコドライブで普段は徹底してガソリンダイエット。心がけたいものです。

●エコドライブ＝スマートドライブ

今、時代はエコドライブを求めています。これから先、いつまで石油が出続けるのかはわかりません。地球温暖化もますます進行しています。もしアナタが、石油はまだまだ出るから問題なく、また地球温暖化もCO_2との因果関係は証明されていないという説に立っていたとしても、現実問題として燃料価格は高騰し、私たちの生活を脅かしています。誰にとっても、エコドライブが必要な時代なのは間違いないでしょう。

ですが、ここまで書いてきたようにエコドライブとは、決してありとあらゆることをガマンして節制を重ねていくようなケチケチ運転ではありません。自分だけゆっくり走って燃費を稼ぎ、周囲に迷惑をかけるだけでなく実はエコにも繋がらない〝エゴドライブ〟でもありません。

突き詰めれば、それはスマートドライブと同義語ということができるでしょう。ガソリンのダイエットを心がけてクルマを走らせると、走りは自ずとスマートなものになっていきます。そうするとクルマは、自分にとってエコなだけでなく、周囲にとってもエコで、快適で、そして楽しいものになるのです。

もちろん、これは強制ではありません。常に100％エコドライブじゃなくてもいいのです。

たとえば発進だけはいつも気を遣うというのでも、毎日1回、長く引っ掛かる信号や踏切では必ずアイドリングストップをするというのでもいいのです。塵も積もれば山となる。毎日30秒のアイドリングストップだって、1年続ければ約3時間分にも達します。それを1千万人が心がけるようになったら……すごいことだと思いませんか？

●アナタもガソリンダイエット伝道師に！

もちろん、エコドライブをしていればすべて解決だというわけではありません。何しろ日本の場合、CO_2排出量のうち運輸部門が占める割合は約25％にも達しているのですから。必要な時以外は乗らない、1人より2人、2人より3人で乗るようにするなど、生活そのものから考え直してみることも必要になってくるでしょう。

エコドライブをしているからエラいという話でもありません。それはむしろ、これからの世の中では当然のことでなければならないのです。自分はいかにエコを気にした人間か、なんてアピールするのがカッコいいという価値観は、じきに過去のものとなるでしょう。エコドライブもサラッと自然にいきたいものです。

大事なことは、いつもエコのことを気にしているということです。そうすることで、エコドライブは自然と身に付いてくるはず。それが次第にクルマの運転をスマートに楽しむドライバーを増やすことに繋がっていけば、誰もがきっとハッピーなクルマとの生活を送れるに違いありません。

極楽ガソリンダイエットの究極の狙いは、まさにそこにあります。まずは何となくできそうだと思ったことから試してみてください。最初は慣れずに面倒と思ったとしても、きっとすぐにコツが掴めるはずです。

そうして効果が出たり、楽しさを感じたりしたならば、ぜひアナタにも伝道師となって、ガソリンダイエットを周囲に広めていただけたらと思います。クルマをこれからも、もっともっと楽しめる世の中にしていくために……。

ラクして節約《せつやく》、鼻歌《はなうた》でエコ

極楽《ごくらく》ガソリンダイエット

初版発行　2008年6月30日
著者　島下泰久
発行者　黒須雪子
発行所　株式会社　二玄社
〒101-8419
東京都千代田区神田神保町 2-2
営業部　〒113-0021 東京都文京区本駒込 6-2-1
東京都文京区駒込 6-2-1
電話 03-5395-0511
装幀・本文デザイン　黒川デザイン事務所
印刷　シナノ
製本　越後堂製本

ISBN 978-4-544-04351-8

二玄社好評既刊

あなたのクルマが
駄目になる
ワケ教えます。

クルマが長持ちする
7つの習慣

松本英雄

知らずに乗ってるみなさん、損してますよ‼ 新車の買い控えが続く昨今、今のクルマ（これから買うクルマ）をできるだけ長く乗り続けたいという人が増えているようです。そこでそのものズバリ「長持ちする」をキーワードに、松本英雄が１台のクルマを長く乗るためのちょっとしたコツを紹介します。７つの習慣を守れば、大切な愛車に長〜く乗り続けることができますよ。

習慣１	運転の癖を直せば、クルマは長持ち
習慣２	長年の疑問を解決すれば、クルマは長持ち
習慣３	トラブルに強くなれば、クルマは長持ち
習慣４	目利きになれば、クルマは長持ち
習慣５	消耗品に気を遣えば、クルマは長持ち
習慣６	新技術を理解していれば、クルマは長持ち
習慣７	点検の習慣を身につければ、クルマは長持ち